JN301574

海技士3N口述対策問題集

航海科口述試験研究会 編

海文堂

はじめに

　この本は，三級海技士（航海）の口述試験受験のための問題集です。これまでに口述試験に出題された問題及び今後出題が予想される問題を精選しました。

　模範解答については，ポイントを十分に押さえつつ，できる限り簡潔な内容にしており，受験直前の総まとめと知識の再確認に最適であると確信しています。しかしながら，必要最小限の内容にとどめたことから，勉強を進めていくうえで，解答の意図が十分に理解できない場合には，関係する教科書または参考書をひもとき，勉強されるようお願い致します。

　近年，STCW条約をはじめとして海事関係の国際条約の改正等が行われ，それに伴い関係する国内法令も改正される等，船員を取り巻く環境は常に変化しておりますが，7版の発行に際し，これまでに寄せられた読者の皆様からのご意見及びご質問等を反映し，新たな問題を追加するなど，さらに内容を精査しました。

　最後に，本書が三級海技士（航海）の口述試験合格に寄与すると共に，受験生の皆様のご健闘を心からお祈り致します。

　2025年9月

航海科口述試験研究会

口述試験を受けるときの心得

　口述試験は，1名の試験官に対し受験者が2～3人一組で行われ，試験時間は1.5～2時間程度になるようです。このような試験を受験するにあたり，試験勉強は，次のようにするのが効果的です。
・問題を読み，声に出して解答する（このときに，すぐに解答例を見ないことが重要です）。
・解答のポイントをメモ程度に書きとめる。
・自分の解答が正しいか否かを解答例と比較し，間違っていればよく理解したうえで次の問題に移る。
・法規に関する科目については，問題にあげられている事柄が，何の法令のどのあたりに規定しているかを調べる。
・『海事六法』の条文を引き，読み上げる。
　これを反復練習して慣熟することです。
　『海事六法』を用いて解答する問題は，問われた事柄が，何という法令のどこに記載されているかを試すものです。この形式の出題は，一見やさしいように思えますが，試験場で適確に関係条文を見つけ出すのはそう簡単ではありません。日頃から，『海事六法』によく目を通し，条文を引き慣れておく必要があり，上記学習法を反復することが重要です。
　口述試験も，日頃の勉強の積み重ねが大切であることは言うまでもありません。試験官と対面して，口頭で答えることができるのは，日頃培った実力がものをいいます。学校で学んだ授業内容はもとより，船上で得た実務経験から出題されることもあるので，常に問題意識を持っておくことが重要です。また，教科書や参考書を読むにしても，その内容をよく理解する習慣を日頃から身に付けておくことが大切です。

《受験時の注意点》

(1) 試験官に対しては礼儀正しく振る舞い,口述試験にふさわしい服装,ていねいな言葉使いを心がけ,その他の態度についても注意して接することが重要です。
(2) 試験の開始及び終了時には,試験官に対して大きな声で「お願いします」「ありがとうございました」などと挨拶をする心遣いも必要です。
(3) 問題の受け答えには,慎重な態度で臨むことが大切です。問題をよく聞き,十分検討し,順序立ててゆっくり答えるようにします。
(4) 質問の意味がわからないときは,聞き直すなどして,問われた意味をよく理解してから答えます。
(5) 難しい問題が出された場合でも,まずよく考えてみます。すぐに「わかりません」と答えてはいけません。試験官は,考えさせることによって受験生の問題に対する取り組み姿勢も見ています。また,考えている間にはいろいろなヒントを与えてくれる場合もあります。
(6) 解答が言葉だけでは説明しにくければ,試験官の許可を得てホワイトボードに図を書いて解答します。
(7) 質問によっては,解答をホワイトボードや紙に書かされることもあります。
(8) 『海事六法』を見ながら解答する問題においては,焦らずに落ち着いて条文を探すことです。

以上に注意しながら,口述試験に臨みましょう。

目 次

Part 1　航　海

1. 航海計器 ……………………………………………………………… *3*
2. 航路標識 ……………………………………………………………… *19*
3. 水路図誌 ……………………………………………………………… *24*
4. 潮汐及び海流 ………………………………………………………… *32*
5. 地文航法 ……………………………………………………………… *34*
6. 天文航法 ……………………………………………………………… *43*
7. 電波航法 ……………………………………………………………… *49*
8. 航海計画 ……………………………………………………………… *50*

Part 2　運　用

1. 船舶の構造，設備，復原性及び損傷制御 ………………………… *53*
2. 当直 …………………………………………………………………… *65*
3. 気象及び海象 ………………………………………………………… *68*
4. 操船 …………………………………………………………………… *76*
5. 船舶の出力装置 ……………………………………………………… *82*
6. 貨物の取扱い及び積付け …………………………………………… *83*
7. 非常措置 ……………………………………………………………… *89*

⑧ 医療 …………………………………………………… 93
⑨ 捜索及び救助 ………………………………………… 94
⑩ 船位通報制度 ………………………………………… 95

Part 3　法　規

① 海上衝突予防法 ……………………………………… 99
② 海上交通安全法 ……………………………………… 115
③ 港則法 ………………………………………………… 127
④ 船員法，船員労働安全衛生規則 …………………… 134
⑤ 船舶職員及び小型船舶操縦者法，海難審判法 …… 142
⑥ 船舶法，船舶安全法，船舶設備規程，船舶消防設備規則，船舶のトン数の測度に関する法律 …………… 145
⑦ 海洋汚染等及び海上災害の防止に関する法律，危険物船舶運送及び貯蔵規則 ………………………… 149
⑧ 水先法，検疫法，関税法 …………………………… 151

Part 1　航　海

1 航海計器

問1 自差の値が変化する場合を述べよ。

答
① 日時の経過
② 船体に衝撃を受けたとき
③ 積荷および荷役装置による変化
④ 落雷
⑤ 地方磁気
⑥ コンパスと船内の鉄材の位置関係の変化
　以上のほか，本質的に自差が変化せずとも見た目に変化が生じるのは，
⑦ 船首方位の変化（変針）
⑧ 大きく緯度が変わったとき（磁気緯度の変化）
⑨ 船体が傾斜したとき（傾船差）
⑩ 同一針路で長く航海した後，変針したとき（磁気粘性，ガウシン差）

問2 自差の測定方法を述べよ。

答
① 遠方物標の方位による方法
② 天体の方位による方法
③ 磁気方位の知れている物標による方法
④ ジャイロコンパスとの比較による方法
　以上の方法にはそれぞれ特徴があり，場所や天候，自差測定などの状況によって，適当な方法を選べばよい。

【解説】
　①は，船首方位を8主要点に向け，遠方の物標を測定する方法で，自差修正を行うときによく利用される。
　②には，時辰方位角法，出没方位角法，極星方位角法がある。
　③には，重視線（トランジット）を利用する方法や岸壁や防波堤などの直線を用いる方法がある。
　④を実施するときには，ジャイロコンパスの誤差がないか，わかってい

る必要がある。

問3 自差係数について述べよ。

答 船内磁気による磁力のうち，その水平分力のみが自差の原因で，船が水平な場合にこの水平分力をさらに船首尾方向と正横方向に分解して生ずる自差の性質を表したもので，A～Eの5種類に分けられている。これらの係数は次の自差公式の係数になっている。
① 係数A：不易差（船首方位にかかわらず一定の値），一般的な船舶ではほとんど発生することはない
② 係数B：船体永久磁気および垂直軟鉄の感応磁気のうち船首尾方向の分力により生じる半円差
③ 係数C：船体永久磁気のうち正横方向の分力から生じる半円差
④ 係数D：船内水平横走および縦走軟鉄の感応磁気から生じる象限差
⑤ 係数E：船内水平軟鉄のうち，主に水平斜走軟鉄の感応磁気から生じる象限差

問4 磁気コンパスの気泡を取り除く方法を述べよ。

答 上室の側壁にある注液口を真上に向け，コンパス液を注射器で注入するこの作業は十分慎重に行い，その後しっかり注液口を閉めておくこと。
　最近では，上室に気泡が生じたときはバウルを顚倒すれば，気泡は自然に下室に入るタイプのバウルがよく用いられる。

問5 ジャイロの特性について述べよ。

答 回転惰性：3軸の自由を有するジャイロが高速回転しているとき，ジャイロ軸に新たなトルクを加えない限り，ジャイロ軸は宇宙空間の一定方向を指し続ける。
　プレセッション：3軸の自由を有するジャイロが高速回転しているとき，トルクを加えると，与えられたトルクによって生じる回転ベクトルとジャイロ軸の回転ベクトルの合成ベクトルの方向へ，ジャイロ軸は最

短距離をとって回転する。

問6 ジャイロコンパスの誤差について述べよ。

答　① 速度誤差
　　　　船が南北方向に移動することによって生じる誤差で，速度に比例する。
　　② 変速度誤差
　　　　船が変針や変速することによって新しい速度誤差になるまでに生じる不定誤差。
　　③ 動揺誤差
　　　　船が動揺することで，ジャイロにトルクが加わり生じる誤差。
　　④ 旋回誤差
　　　　船の旋回に対して，垂直軸回りの摩擦によるトルクが加わり生じる誤差。

問7 ジャイロコンパスの誤差の測定方法を述べよ。

答　① 天体の方位による方法
　　② 真方位の知れている物標による方法

【解説】
①には，時辰方位角法，出没方位角法，極星方位角法がある。
②には，重視線（トランジット）を利用する方法や岸壁や防波堤などの直線を用いる方法がある。

問8 ジャイロコンパス運転中の一般的注意事項を述べよ。

答　① ときどきマスターコンパスとレピータコンパスの指度を照合する。
　　② 日出没方位や陸上物標の見通し線などを利用して誤差を確認する。
　　③ 磁気コンパスの指度と照合する。ジャイロコンパスを2台装備している船では，それぞれの指度。
　　④ 速力また緯度の変化に応じて，速度誤差修正装置を再修正する。

⑤ 各メータ類，警報器の作動状態などを点検する。

問9 ジャイロコンパスではどのような場合に警報が鳴るか。

答 ① 支持液の温度が一定温度以上になったとき（アンシューツ系ジャイロコンパスの場合のみ）
② 電源に異常があったとき
③ その他はメーカーによって異なる（CPU異常など）

問10 オートパイロットの基本的な調整装置をあげ，簡単に説明せよ。

答 ① 舵角調整装置

船が設定針路からはずれて偏角を生じた場合，偏角に対してどれくらいの大きさの戻し舵を取るかは，船の大きさ，積荷の量，速力によって変わってくる。一般に船速が低下したり積荷が増えたりしたときには戻し舵を大きく取る必要がある。

【解説】

舵角調整は，このような状況の変化に対して適切な舵角がとれるように偏角 θ に対する戻し舵 μ の大きさを調整する部分で，$\mu = -N \cdot \theta$ における N の値を変化させて調整するものである。つまり，偏角の大きさに対して戻し舵の量を調整するものである。一般的に N を小さくとると設定針路にゆっくり戻るが，なかなか針路に戻らないことがある。また，N を大きくとると設定針路に早く戻るが，行き過ぎが生じる。

② 当舵調整装置

船がヨーイングしているとき，その回頭角速度に応じて当て舵を取る。回頭角速度に対してどれくらいの大きさの当て舵を取るかは，船の状態（速力，載貨状態など）によって変わってくる。

【解説】

当て舵調整は，このような状況の変化に対して適切な舵角がとれるように回頭角速度 $d\theta/dt$ に対する当て舵 μ の大きさを調整する部分で，$\mu = -R \times d\theta/dt$ における R の値を変化させて調整するものである。つまり，回頭角速度の大きさに対して当て舵の量を調整するものである。一般的に制動もしくは回頭角速度を抑える R を小さくとると制動

が効かず，行き過ぎが生じる。また R を大きくとると制動が効きすぎて，なかなか設定針路にのらない。

③　天候調整装置

　船は荒天時，ヨーイングで大きく船首揺れを繰り返す。このとき保針のため偏角（設定針路からのずれ）に対してその都度舵を取ろうとすると，かえって偏角を大きくしたり，速力の低下を起こしたりする。そこで，海面状態（天候）に応じてある程度のヨーイングでは舵をとらないようにし，偏角の増長を防いだり，操舵機の負荷を軽減したりするために必要とされる。

問11　オートパイロットを使用中の注意事項を述べよ。

答　①　設定針路を保持しているかの確認
　　②　進路の確認（ジャイロコンパスが正常か）
　　③　計画進路上かの確認
　　④　手動の確認
　　⑤　システム（操舵系統）の確認
　　⑥　機器の動作確認（操舵機を含む）
　　⑦　警報確認
　　⑧　調整装置の確認

問12　オートパイロットを使用中，警報が鳴る場合を述べよ。

答　①　電源警報
　　②　変針警報
　　③　舵角制限以上
　　④　ジャイロ電源故障
　　⑤　油タンクの低油面
　　⑥　油圧降下
　　⑦　電磁弁故障
　　⑧　ポンプ過負荷
　　⑨　CPU異常
　　上記以外に，機種によっても異なるが，増幅器電源故障，レピータ電

源故障，磁気変針警報，3相モータ欠相，操舵機故障などがある。

最近の機種ではコンピュータが利用されているので，⑨ CPU 異常以外に，
- メモリの異常
- A/D 変換の異常
- D/A 変換の異常

などがある。

問13 オートパイロットの故障対応について，自動操舵として航行中，突然故障が発生し自動操舵が不能となった場合の操作法を述べよ。

答
① 周囲の状況を確認し，船長に報告する。
② システム切替スイッチを他の系統に切り替える。
③ 手動操舵に切り替える。
④ 上記の方法でも操舵不能のときは，ノンフォローアップ（NFU，非常）操舵に切り替える。
⑤ それでも不能のときは，操舵機側での応急操舵を行う（この方法は操舵機の種類によって異なる）。

問14 方位鏡を用いて方位を測定する方法について述べよ。

答
① 第1法（アローアップ法）
比較的高度のある物標（一般的には天体）の方位を測定する場合に用いる。プリズムの矢印を上にして，物標をプリズムによって反射させ，その像と指針とシャドウピンが一直線になるように方位鏡を回転し，カード目盛を読む方法。

② 第2法（アローダウン法）
高度の低い物標を測定する場合に用いる方法。プリズムの矢印を下にして，コンパスカードおよび指針は拡大レンズとプリズムを通して見ると同時に，物標を観測する。物標，シャドウピン，および指針が一致したときのカード目盛を読む方法。この方法はカードの数字が上下逆さに見え，プリズムの視野が狭いため，度数を正確に読みとりにくい。

問 15 音響測深機で得られた水深と海図に記載の水深が異なる場合の原因を述べよ。

答
① 海図記載の水深は最低水面からの深さであるので，潮汐によって異なる。
② 音響測深機の喫水調整が正しく調整されていなかった。

問 16 ドップラーログの特徴を述べよ。

答
① 水深が約 150〜200m より浅い水域では対地速力が求まる。
② 水中の浮遊物からの反射を利用して対水速力も求められる。
③ 精度がよく，特に低速の精度がよい。
④ 信頼性が高く，保守，取扱いが容易であり，調整もほとんど不要である。

問 17 六分儀のうち，修正可能な誤差について述べよ。

答
① 垂直差
　動鏡が儀面に垂直でないために生じる誤差。
② サイドエラー
　水平鏡が儀面に垂直でないために生じる誤差。
③ 器差
　インデックスバーが 0 度 0 分のとき，動鏡と水平鏡が平行でないために生じる誤差。

問 18 レーダー電波の伝搬距離はどのくらいか。

答 一般に，レーダーにより物標を探知できる距離は，次式で表される。

D〔海里〕$= 2.22\,(\sqrt{h} + \sqrt{H})$

　h：レーダーアンテナの高さ〔m〕
　H：物標の高さ〔m〕

（いずれも水面から）

問 19 レーダーの性能を表す要素とは何か。

答　① 最大探知距離
　　② 方位分解能
　　③ 距離分解能
　　④ 最小探知距離

問 20 レーダーにおける距離分解能，方位分解能とは何か。

答　① 距離分解能とは，レーダー側からみて同一方向に離れてある2つの物標を2つの物標として表示画面上で識別できる最小の距離のことである。
　　② 方位分解能とは，同一距離にある2つの物標を2つの物標として表示画面上で識別できる最小の角度のことである。

問 21 レーダーの電源を投入後，見やすい映像にするために行う調整について述べよ。

答　① レーダーレンジの切り替え
　　② 映像輝度調整
　　③ 同調調整
　　④ 感度調整
　　⑤ 海面反射抑制（STC または SEA）
　　⑥ 雨雪反射抑制（FTC または RAIN）

問 22 レーダーに現れる偽像の種類をあげ，概要を述べよ。

答　実際に物標のある位置以外に現れる映像が偽像であり，以下のものなどがある。
　　① 多重反射による偽像

② 鏡面反射による偽像
③ サイドローブによる偽像
④ 他船のレーダー干渉
⑤ 第2次掃引偽像
⑥ 船体構造物による偽像

問23 レーダーの異常伝搬について述べよ。

答 ① サブリフラクションは、電波が標準の伝搬状態より上方向に屈折するもので、レーダー水平線が通常より短くなるために探知距離が短くなる現象。これは、大気の高さ方向の温度低下率が通常より急激なとき起こりやすい。
② スーパーリフラクションは、サブリフラクションとは逆で大気の温度低下率が通常より少ないか、温度の逆転層があるようなときに発生し、電波の通路が下方向に屈折するために、通常より電波が遠方に達するために探知距離が大きくなる現象。

問24 レーダー回路におけるSTC回路およびFTC回路の働きを述べよ。

答 ① STC回路：近距離からの海面反射の影響を除く。
② FTC回路：雨雪からの反射を除く。

問25 レーダーの真方位表示方式と相対方位表示方式の違いを述べよ。

答 ① 真方位表示方式：ノースアップ
　　レーダースコープの上部が常に北（000°）となり、船首輝線は当該方位に現れる。変針の際にも映像は安定している。
② 相対方位表示方式：ヘッドアップ
　　レーダースコープの上部に常に船首輝線が現れる。変針の際に映像が回転し、残像が生じる。

問 26 狭水道通過時および大洋航海中では，真方位指示方式と相対方位指示方式のどちらを使用するか。

答 狭水道通過時などには一般に相対方位指示方式を採用し，大洋航行中は真方位指示方式を採用することが多い。

問 27 レーダーを用いて距離を測定する場合の注意事項を述べよ。

答 ① 中心から物標映像のスコープ上中心に近い端（物標前端）に至る距離を測定する。
② 可変距離目盛（VRM）の輝度は可能な限り絞る。
③ レーダー水平線までの距離を熟知しておく。この距離以内で反射のよい物標に対して測定精度が良い。
④ レーダー水平線内の物標でも，地形がゆるやかな海岸線などは映像に出にくい。
⑤ 可変距離目盛を物標の内端（前端）に接触させたときの指示を読む。

問 28 レーダーで物標の距離を測定する場合，どのように測るか。また，固定距離マーカと可変距離マーカではどちらの精度が良いか。

答 輝点を調整して，映像に軽く内接させる。現在のレーダーでは，固定距離マーカと可変距離マーカの精度の差はない。

問 29 レーダーを用いて方位を測定する場合の注意事項を述べよ。

答 ① 船の映像のように単一物標を判定するときには，その映像の中心に方位線を合わせて目盛を読む。
② 島や岬角などの一端を測定するときには，水平ビーム幅の半量だけ映像が拡大しているから，映像端に方位線を接触させずに水平ビーム幅の半量だけ内側で測定する。
③ 船体が動揺しているときには，船が水平にある瞬間に測定する。

問 30　レーダーの方位誤差の種類をあげよ。

答
① 水平ビーム幅による映像拡大効果
② アンテナ掃引の同期誤差
③ 船首尾線の誤差
④ アンテナ傾斜誤差
⑤ ジャイロコンパスの誤差

問 31　レーダービーコンとはどのようなものか。

答　船のレーダー映像面上に送信局の位置を輝線符号で表すように船のレーダーからの電波に応答して，マイクロ波を発射する標識局である。レーダー映像面上には送信局の位置から外周方向に輝線符号が表示される。

問 32　レーダービーコンの映像上の特徴を述べよ。

答　局の位置を内端として外周に向かって基線符号が現れる。

問 33　レーダービーコンはどのようなところに設置されているか。

答　沿岸や内海で航路標識として利用される。瀬戸内海，東京湾，伊勢湾に多く設置されている。

問 34　レーダービーコンを利用する際の注意事項を述べよ。

答
① ビーコン信号（モールス符号や破線の信号）はレーダー空中線の回転毎には現れないので，数回転する間，映像を注意して見る必要がある。
② 当該標識局に接近して航行する場合には，広角度にわたって破線が現れることがある。
③ 当該標識局に向かう場合には，ヘディングマーカと重なり破線が見にくいことがある。

④ いずれも X-バンド（3cm 波帯）のレーダーを対象としている。
⑤ 局が遠距離にある場合，干渉除去は OFF にしておく必要がある。

問 35 ARPA とは何か。

答 自動レーダープロッティング援助装置（Automatic Radar Plotting Aids）のことで，航行中レーダーにより物標を探知し，この情報を自動的にプロッティングし，目標の相対運動や真運動を解析したり，避航操船に必要な種々の情報を表示する装置である。

問 36 ARPA では目標について何がわかるか述べよ。

答
① 目標の方位
② 目標の距離
③ 最接近距離（DCPA）
④ 最接近地点に至る時間（TCPA）
⑤ 真針路
⑥ 真速力

問 37 ARPA を作動させて航行中，どのような場合に警報が発せられることがあるか。

答
① あらかじめ設定した範囲内に侵入した映像があった場合（侵入警報）
② 予測される DCPA や TCPA が，あらかじめ設定した値以下となった場合（危険物標警報）
③ 追尾中の映像が消失した場合（ロストターゲット警報）
④ 接続するジャイロコンパスやログが故障した場合（故障警報）

問 38 ARPA の DCPA，TCPA とは何か。

答 DCPA：最接近距離（Distance of Closest Point of Approach）を意味し，

最接近となるときの距離を指す。
TCPA：最接近に至る時間（Time to Closest Point of Approach）を意味し，最接近となるまでの時間を指す。

問 39 GPS の測定原理を述べよ。

答 観測者が GPS 衛星からの電波の到来時間を測定することにより送受信点間の距離を知り，受信者の 3 次元の位置を知るシステムである。

問 40 GPS の特徴を述べよ。

答
① 利用範囲が世界中である。
② 位置決定の精度が高い。
③ 電波を受信するだけで，送信の必要がない。
④ 利用者数に制限がなく，無料でサービスが受けられる。
⑤ 測位はほとんど瞬時で，24 時間常時できる。
⑥ 3 次元測位が可能。つまり，利用者層が広い。
⑦ 精度の良い速度が直接求まる。
⑧ 精度の高い時刻が得られる。

問 41 GPS システムの人工衛星の軌道数，衛星数はいくつか。

答 6 軌道上に，24 ＋ α 個の衛星が配置されている（2019 年 3 月時点で 31 機の衛星が運用中）。

問 42 GPS の測定原理に関し，海上においては測位のためには最低何個の衛星が必要か。

答 GPS で 2 次元船位を求めるのに必要な衛星数は 3 個である。
【解説】
一般に未知数が 2 つの場合，方程式は 2 つあれば解ける。これから，GPS において緯度，経度の 2 次元測位を行うには衛星は 2 個でよい。し

かしながら，GPSにより測定された衛星からの距離には受信機の時計の誤差が含まれている。ここで測定される距離は擬似距離と呼ばれる。このように，2つの衛星からの距離による球面の交点は定誤差を含むため，真の位置にはならない。真の位置を求めるためには，もう1つの衛星からの擬似距離を使用し，3つの方程式を解くことによって求めることができる。このため，GPSにより2次元の位置を求めるためには3個の衛星が必要となる。

問43 GPSを使用する場合，アンテナ装備時にどのような注意が必要か。

答 アンテナは周囲からの信号の干渉や再反射のない一般的には高いところに設置し，特に他のマイクロ波アンテナからできるだけ離す。衛星からの信号が直接受信できるよう，またマルチパスの影響の少ない高い場所に据え付ける。

問44 船舶で使用されているGPSによる測位誤差は，一般に何m程度か。

答 10m（2DRMS（2D Root Mean Square：標準偏差の2倍）または95％）

問45 GPSの誤差源にはどのようなものがあるか述べよ。

答 ① 衛星の時計誤差　② 衛星軌道データ誤差　③ 電離層遅延
　　　④ 対流圏遅延　　⑤ 受信機雑音　　　　　⑥ マルチパス

問46 GPSにおける擬似距離とは何か。

答 衛星までの距離を求めるために測定した衛星からの電波の伝搬時間には，衛星と受信機間の時刻の差が含まれている。この差を含んだ伝搬時間を変換した距離のこと。

問47 DOP（Dilution Of Precision）とは何か。

[1] 航海計器　17

答　測位精度への影響を示し，精度の劣化を表す数値。
【解説】
　測定した衛星の位置の線の交わり方に関係する。衛星が観測地の上空で密集している場合は精度が悪くなり，上空で適当に広がっている場合は精度が良い。測位精度と測距精度（擬似距離の測定精度）の関係は，
　　（測位精度）＝ DOP ×（測距精度）
で表される。

問 48　GPS 受信機に表示された位置（緯度，経度）を海図に記入するとき，測地系に関してどのような注意が必要か。

答　現在使用中の海図の測地系が GPS の測地系である WGS-84 で表されているか確認する必要がある。日本の海図に関しては平成 14 年以降 WGS-84 となっている。

問 49　GPS 受信機に表示される受信衛星の情報には，どのようなものがあるか。5つあげよ。

答　追尾情報（コード，ドップラー周波数），衛星の状態，衛星番号，時刻，DOP など

問 50　ディファレンシャル GPS（DGPS）とはどのようなシステムか。

答　DGPS は中波無線局を使って，GPS の公称精度 10m（2σ）を 1〜5m 以下まで向上させ，同時に GPS 衛星の故障などの異常発生の情報を直ちに利用者に知らせるシステムである。
【解説】
　あらかじめ位置が正確にわかっている陸上の基準点に設置した GPS 受信機により位置を測定し，その測定位置と基準点位置のずれから GPS の距離測定誤差を計算する。
　計算された測定誤差はディファレンシャル補正データに編集され，中波無線局の電波に乗せて送信される。利用者の受信機では，ディファレン

シャル補正データを受信して位置の補正を行うことにより精度を上げることができる。

　有効範囲は DGPS 局から約 200km（約 110 海里）以内の海上になっており，一部離島海域を除く，全国沿岸がカバーされるように局が配置されている。

【注 1】海上保安庁が運用する DGPS システムは，平成 31 年 3 月 1 日をもって廃止された。ただし，同様のシステムは，日本以外では運用されている。

【注 2】日本が開発する QZSS（問 51 の【解説】参照）において，海上保安庁が運用していた DGPS と同等の機能（SLAS サービス）がある。ただし，QZSS を受信し SLAS を実行できる船舶用受信機は数少ない（令和 3 年 7 月現在）。

問 51　ディファレンシャル GPS（DGPS）を利用して測定した場合の測位誤差は，どのくらいか。

答　1～5m（DGPS 局からの距離による）
　　QZSS の SLAS サービスの場合は 1m 強
　　（2DRMS または 95%）

【解説】
　海上保安庁の DGPS システムは廃止されたが，同等の精度改善，機能を実現する衛星利用のシステムが開発されている。日本版 GPS と言われる準天頂衛星システム（QZSS：Quasi-Zenith Satellite System）もその 1 つである。

問 52　AIS とは何か。

答　VHF 電波を利用し，MMSI や船名などの静的情報や位置，速度などの動的情報などのデータを他船に提供するシステムである。VTS が情報提供を行ったり，航路標識に搭載される場合もある。また，船同士で簡単なメッセージ交換もできるシステムである。

2 航路標識

> **問1** 灯台の灯質略記（Oc, Alt, Iso）はそれぞれどのような意味か。

答　Oc：「明暗光」を意味し，一定の光度の光を一定の間隔で発し，明間の長さが暗間の長さより長いもの。
　　Alt：「互光」を意味し，異色の光を交互に発するもの。
　　Iso：「等明暗光」を意味し，一定の光度の光を一定の間隔で発し，明間の長さと暗間の長さが等しいもの。

> **問2** IALA 海上浮標式の A 方式と B 方式の違いについて述べよ。

答　A 方式：側面標識は水源に向かって左舷が赤，右舷が緑（主に欧州，アフリカ，南西アジア海域，他に中国，ニュージーランドなど）
　　B 方式：側面標識は水源に向かって右舷が赤，左舷が緑（主に南北アメリカ海域，他に日本，韓国，フィリピンなど）

> **問3** これは何という標識か。また，その意味を述べよ。この標識のどちら側を航行すべきか。

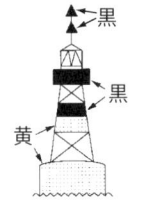

答　北方位標識。
　　方位標識は，標識の示す方位側が可航水域であることを示す。北方位標識は，標識の北側に可航水域または航路があることを示すので，この標識の北側を通過する。

問4 これは何という標識か。また、その意味を述べよ。この標識のどこを航行すべきか。

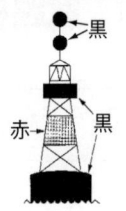

答 孤立障害標識。
標識の位置またはその付近に岩礁・浅瀬・沈船等の孤立した障害物があることを示している。十分な離隔距離を保って航行する（方角による制約はない）。

問5 日本国内の港を出港する際に、右舷に見る灯浮標は何色か。また、左舷側は何色か。

答 IALA-B方式を採用しているので、出港の際には、右舷に緑色、左舷に赤色を見ることになる。
【注】側面標識は水源に向かって右舷左舷が決められているので、問2の答えと逆になる。

問6 連続急閃光の標識を認めた。どのように航行すべきか。

答 北方位標識なので、当該標識の北側を航行する。

問7 毎15秒9閃光の標識を認めた。どのように航行すべきか。

答 西方位標識なので、当該標識の西側を航行する。

問8 日本と同じ浮標式を採用している国名、地域を知るだけあげよ。

答 日本はIALA海上浮標式のB方式を採用しているので、南北アメリカ海域（アメリカ、カナダ、アルゼンチン、ブラジル、ペルーなど）、他に韓

国，フィリピンがある。

問9 灯台の光達距離内に達したが，灯光が見えないのはどういう場合か。

答
① 本船付近の視界は良好でも，標識付近の視界が不良のとき
② 寒冷地ではレンズへの氷雪の付着の可能性があり，これにより光達距離が減少しているとき
③ 推測位置の誤差が大きく，船位が明弧の外にあるとき
④ 自船の眼高が 5 m より低いとき
⑤ 故障などで消灯しているとき

問10 海図上の光達距離はどのようにして決定されたものか。

答 海図に記載されている光達距離は，実効光度などを用いた名目的光達距離と観測者の基準眼高を平均水面上 5 m として計算した地理的光達距離のうち，小さい値を採用している。

問11 海図上の灯台の視認距離の算出式を述べよ。

答 任意の眼高に対する視認距離（海里）
　　　＝海図上の光達距離（海里）＋ 2.083 ($\sqrt{h} - \sqrt{5}$)
　　　　h：観測者の眼高

問12 灯台表記載の地理的光達距離の眼高はいくらか。

答 観測者の基準眼高を平均水面上 5 m としている。

問13 灯光かそれとも他の灯火かの判断は何ですか。

答 概略の船位をもとに，付近の灯台の光達距離から視認し得るか否かを検討する。その後，灯略記記載の灯質を確認し，現在見えている灯火と照ら

し合わせ判断する。

問 14 灯略記「Oc G 4sec 10m 20M」を説明せよ。

答 明暗光で灯色は緑、周期4秒、灯高10m、光達距離20海里の灯台。

問 15 灯質の種類を知っているだけあげよ。

答 F（不動光），Oc（明暗光），Alt（互光），Iso（等明暗光），Fl（閃光），Quick（急閃光）など

問 16 灯光の射光範囲を説明せよ（明弧，暗弧，分弧）。

答 灯台表に記載されている射光範囲を表す方位は，海側から航路標識を見た方位で示されている。
明弧：灯光を発する航路標識から光の出る範囲
暗弧：光の出ない範囲
分弧：明弧のうち，白色以外の異色の灯光により，主に険礁などを示す部分

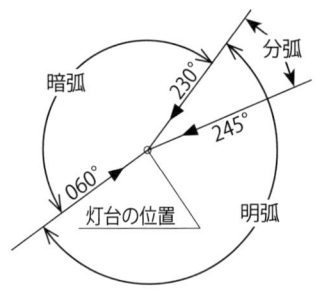

（例）　明弧：230°〜060°
　　　 分弧：230°〜245°

問 17 導灯，指向灯とは何か。

答 導灯：通航困難な水道，狭い港口などの航路を示すために航路の延長上の陸地に設置した2基以上を一対とした構造物で灯光を発するもの。
指向灯：通航困難な水道，狭い港口などの航路を示すために航路の延長線上の陸地に設置したもので，白光により航路を，緑光により左舷危険側を，赤光により右舷危険側をそれぞれ示す。

問 18 導灯について（図を示されて）このように見えた場合どのように舵を取るか。

答 （導灯の上下位置，下の灯火が左に見えたときの処置：右図）
　船位がコースラインの右にずれていると判断し，左に舵を取る。

問 19 無線方位標識の種類をあげよ。

答 マイクロ波による標識局として：レーダービーコン（レーコン：Racon）
その他，電波による航路標識として：DGPS（ディファレンシャル GPS）局，ロラン C 局がある。

【解説】
　DGPS に関しては，①航海計器　問 50，問 51 の【解説】を参照のこと。ロラン C 局も同様に日本では廃止されている。

③ 水路図誌

問1 海図作成上（図法上）の種類を述べよ。

答 平面図，漸長図，大圏図（他に正角円錐図，正距方位図がある）

問2 海図の使用上の分類を述べよ。

答 総図，航洋図，航海図，海岸図，港泊図

問3 港泊図とは何か。その縮尺の大きさはいくらか。

答 主として狭水道通過，港湾へ接近する際に使用する。
縮尺1/5万以上の海図をいう。

問4 航海用海図の縮尺の大小について述べよ。

答 分母の大きい海図を小縮尺，反対に分母の小さい海図を大縮尺という。
例えば，1/5万の海図は大縮尺，1/400万の海図は小縮尺といえる。

問5 漸長図とはどのような海図か。

答 特徴をあげると次のようになる。
① 緯度線，経度線が互いに直交する平行線として描かれる。
② 航程の線が直線で表され，図上の経度線との角度がそのまま針路を表す。
③ 2地点の距離は，付近の緯度目盛りにより容易に求められる。
④ 図の拡大率が緯度により異なるので面積の比較ができない。
⑤ 高緯度地域ほど地形がゆがむ。
※①～③：利点，④⑤：欠点

問6 漸長図において緯度60°における伸長率はいくらか。また，赤道上の経度1′＝1cmとすると，60°Nのときの緯度1′の長さは図上でいくらとなるか。

答 距等圏航海算法の公式により

$Dep. = D.\,Long. \times \cos lat.$

と表される。

したがって，伸張率は

$D.\,Long. = Dep. \times \sec lat.$

$1 / \cos 60° = 2 \text{ 倍} \qquad (\cos 60° = 1/2)$

ここで，赤道上の経度1′＝1cmであるから，緯度60°では2cmとなる。

問7 海図の取り扱い上の注意をあげよ。

答 ① 海図は，巻いて格納したり，むやみに折ることは避ける。
② 海図庫の1区画に多数の海図を重ねることは避ける。
③ 海図番号順または航海に必要な順に重ね，直ちに所用の海図が引き出せるようにしておく。
④ 海図上に無用の線や文字は書き込まない。
⑤ 鉛筆は，柔らかい芯質のもの（2B～4B），消しゴムは良質のものを使用する。
⑥ 使用済みの海図は一航海終了まで，船位や針路線を消すことなく，そのまま保存しておく。

問8 海図の新旧の判断及び信頼できるかどうかを判断するには，どこを見るか。

答 表題中の「測量年」，「出所」，「刊行年月日」及び「改補」を基準に判断する。

問9 平均水面とは何か。また，それを基準にしたものには何があるか。

答 ある年月の間の海面の平均の高さに位置する海面の高さ（言い替えると，潮汐がないと仮定した場合の海面のこと）。
　島・山の高さの基準となっている。

問 10　最低水面とはどのようなものか。

答　海面がこれより低くなることがほとんどないような海面の高さをいい，水深や干出岩の高さの基準となっている。

問 11　潮汐表の潮高値に（－）の符号が付いたものがあるが，何を示すか。

答　最低水面は，厳密な最低低潮面ではないので，海面がごく稀に最低水面より下方に下がることがある。このような場合は潮汐表に（－）の符号が付く。

問 12　水深，潮高，干出岩の基準はどこか（水深はどこから測るか）。

答　最低水面が基準となる。

問 13　ある港の港外に錨泊したが，海図上の水深と異なるのはなぜか。

答　そのときの潮時，潮高による変化，記載水深の測量精度，水深値記載位置の精度，現在船位のずれなどが考えられる。

問 14　水路図誌目録とは何か。その使用法，記載事項について述べよ。

答　海図及び水路書誌の目録で
　① 水路図誌購入及び使用する際の参考とする
　② 手持ち図誌類の改廃のチェック用
　③ 海図を航路順や使用順に整える際などに使用する
　記載事項は

① 海図番号索引
② 索引図の区域一覧
③ 水路誌・特殊書誌の一覧などである

問15 水路書誌とは何か。その種類をいくつかあげよ。

答 水路誌及び水路誌追補と特殊書誌を合わせたものをいう。
　特殊書誌には天測暦，潮汐表，航路誌，距離表，天測計算表，灯台表などがある。

問16 水路誌とは何か。

答 海上の諸現象，航路の状況，沿岸及び港湾の地形，航路標識，施設，法規などを記述した水路の案内記である。レーダー映像図，対景図などを含んでいる。

問17 水路通報とは何か。

答 水路図誌刊行後に変化した航海保安に影響のある事項を船舶に周知させ，水路図誌を訂正させるための刊行物で，毎週金曜日に海上保安庁水路部から発行される。近年では，インターネットのホームページ上からも利用できる。

問18 水路通報にはどのような内容が記載されているか。

答
① 航路標識の設置・廃止・移設
② 岸線，水深，施設などの変化
③ 航海目標となる地物の変化
④ 海上危険物（暗礁，沈船）の発見
⑤ 海上での訓練・演習など

問 19 航行警報とはどのようなものか。

答 水路通報で周知することが時間的に不可能なもの，また周知するまでに一時的な措置を必要とする船舶交通の安全に関する緊急情報で，インマルサット EGC 放送，ラジオ，ファックス及び国際 VHF 無線電話などにより放送するものをいう。
　水路通報同様に，インターネットのホームページ上でも周知されている。

問 20 NAVTEX とは何か。

答 沿岸区域（距岸約 300 海里以内）にある船舶が，国際的に統一された単一周波数によって直接印刷電信方式により，沿岸航行警報・気象情報などの海上安全情報を自動的に受信するためのシステムである。
　プリンタ付きの NAVTEX 受信機に自動印字される。

問 21 海図の改補の方法について説明せよ。

答 海図には「小改正」と「一時的な改補」の 2 種類がある。
① 「小改正」では，事象（通信事項）が永続するものについて手記（インク書き）または補正図の貼り付けによって改正する。
② 「一時的な改補」では，事象（通報事項）が一時的なもの（または予告）について手記（鉛筆書き）による訂正をする。
　電子海図については，DVD-ROM などに収録された情報により，データベースを更新することが可能である。

問 22 海図の小改正の要領を説明せよ。

答 事象（通報事項）が永続するものについて
① 手記による訂正（インクによる記入）または
② 補正図の貼り付けによって海図を改正する
③ 電子海図については，DVD-ROM などによる自動または手動更新

③ 水路図誌

問23 小改正の後の処置を述べよ。

答 海図の欄外左下に通報項数を記入しておく。

問24 対景図とは何か。

答 水路誌に掲載されているもので，海上のある地点（狭水道の入口など）から見た場合に，陸岸がどのように見えるかを図で示したもの。

問25 船橋にある水路図誌にはどのようなものがあるか。

答 海図，水路図誌目録，水路誌，灯台表，天測暦，潮汐表，航路誌，距離表，天測計算表，航海用海図，大圏航法図など。

問26 灯台表にはどのようなことが記載されているか。

答
① 灯台，灯浮標などの航路標識の詳細（位置・灯質・灯光・光達距離・塗色・構造・高さなど）
② 特殊な航路標識，電波による航路標識の詳細（位置・呼出名称・電波の形式・出力・利用範囲・発射時刻など）

問27 以下の海図図式を説明せよ。

		1.	2.	3.	4.
(1)	危険物・水深	♯	+		20 (SD)
(2)	危険物	20/R	⚓(3) *(3)	⊢⊢⊢ 15	⇥ ⊂⊃ Wk
(3)	危険物	(PA)	(PD)	(ED)	Obstn
(4)	建造物／無線局	Tr	○ Racon	○ RBn	
(5)	港湾・部署	⚓	～～～	①	○ BM
(6)	底質	R	M	Oz	Cy
(7)	潮汐／海潮流	→ 2.3kn →	1.5kn	2.3kn	MHWI

答 (1) 1. 洗岩（最低水面に洗うもの）
　　　㊟　点線の丸囲みは存在を目立たせたもの
　　2. 暗岩（航行に危険なもの）
　　　㊟　点線の丸囲みは存在を目立たせたもの
　　3. 危険全没沈船（沈船上の水深が 30m より浅いもの）
　　4. 不確実な水深 20m
(2) 1. 礁上の水深を掃海で確認したもの
　　2. 干出の高さ 3m
　　3. 掃海済みの沈船，水深 15m
　　4. 船体の一部を露出した沈船
(3) 1. 位置決定の精度が悪いもの
　　2. 種々の位置に報告され，いかなる方法でも明確に決定できないもの
　　3. 存在が疑わしいもの
　　4. 障害物
(4) 1. 塔，やぐら
　　2. レーダービーコン（レーコン）
　　3. 無線標識局
　　4. レーダー反射器（レフレクタ）
(5) 1. 錨地
　　2. 海底線（電信・電話など）
　　3. パイロットステーション
　　4. 基本水準標
(6) 1. 岩
　　2. 泥
　　3. 軟泥
　　4. 粘土
(7) 1. 2.3 ノットの下げ潮流（大潮期の最強流速）
　　2. 海流一般（流速を付記）
　　3. 2.3 ノットの上げ潮流（大潮期の最強流速）
　　4. 平均高潮間隔

3 水路図誌   31

問 28 海図の水深で次の数字はどこの水深を表すか。

0_4 15_6 136 $\overset{\bullet}{\overline{100}}$

答 整数の中央をその位置とする（○印の位置）

0_4 15_6 136 $\overset{\bullet}{\overline{100}}$

4 潮汐及び海流

> **問1** 次の潮汐用語を説明せよ。
> (1) 日潮不等　(2) 大潮　(3) 潮時差　(4) 潮高比
> (5) 月齢　(6) 月潮間隔

答
(1) 一日二回の高潮（または低潮）を比較すると，その高さも間隔も違っているのが普通である。このような状態をいう。
(2) 月による潮汐と太陽による潮汐の影響で相当大きな潮位を生じ，潮差が最大になる潮汐をいう。
(3) 標準港の当日の標準の潮時に加減して任意の地点の潮時を求めるための改正数。
(4) 標準港の当日の潮高に掛けて，任意の地点の潮高の概略値を求めるための改正数。
(5) 朔（新月）からどれだけ経ったかを示す値。日数で表す。
(6) 月が子午線を通過してから高潮（満潮）になるまでの時間（高潮間隔）と月が子午線を通過してから低潮（干潮）になるまでの時間（低潮間隔）を合わせたものをいう。

> **問2** 潮汐はなぜ起こるか。

答 海水に働く月と太陽の作用（引力）及び月と地球の回転運動による遠心力によって引き起こされている。

> **問3** 瀬戸内海において強い潮流となる海域をあげよ。

答 鳴門海峡（最強約10ノット），来島海峡（最強約10ノット），明石海峡（最強約7ノット），関門海峡（最強約8ノット）など

> **問4** 日本近海の海流を4つあげよ。

[4] 潮汐及び海流　33

答　暖流系：黒潮，対馬海流（他に津軽海流，宗谷海流など）
　　　寒流系：親潮，リマン海流（他に北鮮海流など）

問5　北太平洋の海流（環流）の名称，種類及びその流路を述べよ。

答　以下の4つの海流が時計回りに流れている。
① 北赤道海流（暖流性）
② 黒潮（暖流性）
③ 北太平洋海流（暖流性）
④ カリフォルニア海流（寒流性）

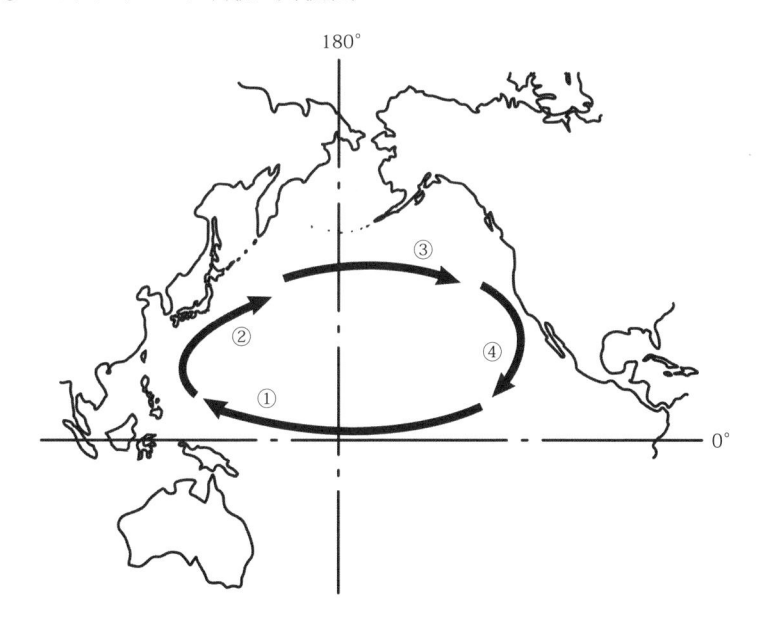

5 地文航法

問1 自差（Dev.）とは何か。また，なぜ変化するか。

答 磁気子午線（M.N.）と船体磁気の影響を受けた磁気コンパスの南北線（C.N.）のなす角をいう。コンパスに影響を及ぼす船体磁気が，針路の変更や船体傾斜，積荷の移動により変化するためである。

問2 偏差（Var.）とは何か。

答 ある地点における真の子午線（T.N.）と磁気子午線（M.N.）とのなす角をいう。

問3 真子午線と磁気子午線が一致しないのはなぜか。

答 偏差（Var.）があるためである（地球の軸と，地磁気の極の位置が異なっているため）。

問4 G.Co.050°，M.Co.048°，偏差（Var.）4° E'ly のときの自差（Dev.）はいくらか。

答
```
G.Co.  050°
M.Co.  048°
─────────────
C.E.   2° E'ly
Var.   4° E'ly
─────────────
Dev.   2° W'ly
```
ここで，C.E.とはコンパスエラーである。計算するとき，E'ly は（＋），W'ly は（－）で考える。

問5 東西距（Dep.）とは何か。

答 2地点間に無数の子午線を設け，その子午線を通る無数の距等圏の総和を海里で表したもの。言い換えると，「両地間の東西方向の距離成分」を表していると言える。

問6 停泊中及び沿岸航行中のジャイロエラーを求める方法を列挙せよ。

答 停泊中：岸壁係岸中，岸壁の方位を測定する。
　　航行中：① 重視物標方位を測定する。
　　　　　　② 防波堤が一線になったときの方位を測定する。
　いずれも，測定方位と海図により求めた方位を比較し，ジャイロエラーを検出する。

問7 ジャイロエラーが（＋）のときは，測得値に対してどのように修正するか。

答 得られたジャイロコンパス方位に加える。
　例えばジャイロエラーが（＋）1.0°でジャイロの読み取りが10°の場合，真方位は11°である。

問8 トラバース表を用いて何を求めるか。これを利用する航海算法は何か。

答 針路（Co.）と距離（Dist.）から，変緯（D. lat.）と東西距（Dep.）を求める。平面航海算法，平均中分緯度航海算法で使用する。

問9 距等圏航海算法とはどのような算法か。

答 同一距等圏上にある2地点間の緯度（lat.），距離（Dist.）〔東西距（Dep.）〕と変経（D. Long.）の関係から諸要素を求める航法計算。

$$Dist. = D. Long. \times \cos lat.$$

　東西方向（針路90°または270°）に航走して緯度変化がない場合に利用する。

問 10 平均中分緯度航海算法とはどのような算法か。

答 2地点間の緯度の平均を中分緯度とし，距等圏航法の緯度と置き換え，針路（Co.），航程（Dist.），変緯（D. lat），東西距（Dep.），平均中分緯度（Mid. lat.），変経（D. Long.）の関係から，諸要素を求める航法計算。

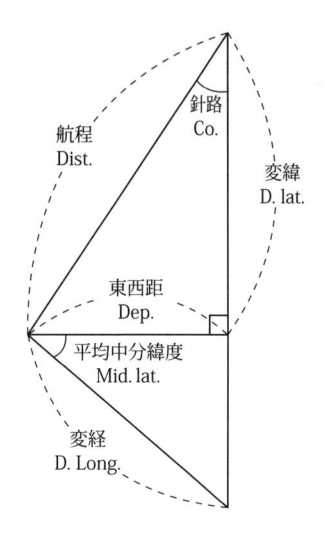

問 11 平均中分緯度航行とはどのようなときに使用するか。また，その理由を述べよ。

答 ① 航程がおおむね 600 海里以内のとき
② 両地の平均中分緯度が 60°以下のとき
③ 変緯が小さいとき
　平均中分緯度航海算法は，本来，真中分緯度を使用するところを便宜上，平均中分緯度を使用して計算するために，計算誤差を小さくするためには，上記の条件で使用する必要がある。

問 12 平均中分緯度航行の使用が不適当な場合を述べよ。

答 ① 緯度が高いとき（約 60 度以上のとき）
② 航程が大きいとき（約 600 海里以上）
③ 変緯が大きいとき（針路が南北に近く，航走距離が大きいとき）
④ 2地点がそれぞれ，赤道の両側にあるとき

平均中分緯度航海算法は,

　　$Dep.$（東西距）$\times \sec Mid.\ lat.$（平均中分緯度）$= D.\ Long.$（変経）

で求めるが，本来は真中分緯度を使用すべきところ，便宜上，平均中分緯度を使用しているため，上記の条件では誤差が大きくなる。

問 13　Dep.（東西距）と D. Long.（変経）の関係を述べよ。

答　$\cos Mid.\ lat. = Dep. / D.\ Long.$

問 14　漸長緯度航行はどのようなときに使用するか。

答　① 中分緯度航行が使用に適さないとき
　　② 特に精密な計算結果を必要とするとき

問 15　漸長緯度航行はどのような場合に不適当か。

答　① 高緯度地域を航海する場合（約 60 度以上）
　　② 針路が東西方向に近い場合

問 16　漸長緯度航海算法と平均中分緯度航海算法の違いについて述べよ。

答　漸長緯度航海算法は，漸長海図の構成理論に基づいて求められた公式を利用する航法計算で，航程線の航法では最も正確な値が求められる（次図参照）。

　一方，平均中分緯度航海算法は，2 地点間の緯度の平均を中分緯度と置き換えた航法計算で，高緯度を航行している場合，航程が大きい場合，変緯が大きい場合などには，誤差が大きくなる可能性がある。

```
                    針路
                    Co.
         航程
         Dist.      変緯
                    D. lat.
                           漸長緯差
                           M. D. lat.
              東西距
              Dep.
              変経
              D. Long.
```

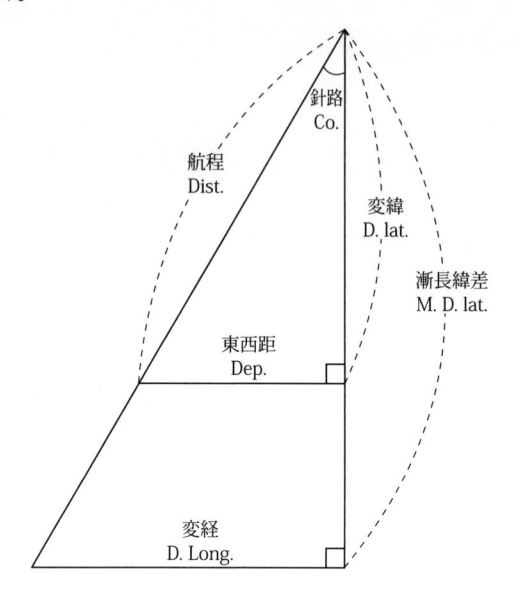

> **問 17** 交叉方位法（クロスベアリング）で誤差三角形ができる原因を説明せよ。

答 ① コンパスの誤差が，正確に改正されていない場合
② コンパスの振動，またはカードが小さいなどのために，方位観測に誤差が生じた場合
③ 物標の方位観測に時間がかかった（時間的なずれを生じた）場合
④ 位置の線を海図上に記入する際に誤差を生ずる場合
⑤ 方位の読み違い，または目標の見誤りをした場合
⑥ 海図自体に誤差がある場合（図載位置のずれなど）

> **問 18** 誤差三角形ができた場合，どこを船位とするか。

答 三角形の内心を船位とする（ただし，大きな三角形が生じた場合には，測定し直す）。

5 地文航法

問 19 推測位置と推定位置の違いを説明せよ。

答 推測位置（D. R. P.）は，起程点より，針路と航程により求めた位置であり，推定位置（Est. P.）は，推測位置に風圧・流圧などの外力の影響を考慮して求めた位置をいう。

問 20 交叉方位法（クロスベアリング）を行う際の物標の選定上の注意点をあげよ。

答
① 海図上の位置が確かで，視認しやすい目標を選ぶ。
② なるべく近距離のものを選ぶ。
③ 2本の位置の線の場合の交角は，90°に近いものが望ましく，少なくとも 30°〜150°の範囲になるように選定する。また，3本の位置の線の場合は，それぞれの交角が 60°に近くなるように選定する。
④ 浮標など位置の不定なものや傾斜の緩慢な岬などの不明確なものは避ける。

問 21 交叉方位法（クロスベアリング）を行う際の実施上の注意点をあげよ。

答
① 事前に海図上の目標と実景とを対比し，方位測定はできる限り速やかに行う。
② 方位変化の遅いもの（船首尾方向に近いもの）を先に，方位変化の速いもの（正横付近のもの）を後にする。
③ 測定の際には，コンパスカードを水平に保って測定する。
④ 最新のコンパス誤差を修正する。
⑤ 誤差三角形（Cocked-Hat）を生じたとき，小さい場合にはその内心を船位とするが，大きい場合には，ためらわずに再度測定する。
⑥ 位置記入後，必ず測得時刻を記入し，測程儀（ログ）示度も記録しておく。

問 22 レーダー探知距離と光学的光達距離はなぜ違うのか。また，レーダー水平線の距離と視水平距離はなぜ違うのか。

答 レーダー電波と光の地球に対する回り込みの度合いが異なるため。
レーダー水平線の距離と視水平距離が異なるのも同様な理由である。

レーダー探知距離　　D（海里）$= 2.22\,(\sqrt{h'} + \sqrt{H})$

視認距離　　　　　　D（海里）$= 2.083\,(\sqrt{h} + \sqrt{H})$

h'：レーダーアンテナ高さ〔m〕
H：物標の高さ〔m〕
h：眼高〔m〕　　　　　全て水面上の高さ

問 23 乗船していた船の眼高はいくらか。視水平までの距離はどのくらいか。

答 各自，本船の船橋における眼高を確認しておくこと。
視水平距離は，問 22 の視認距離の式に，$h =$ 本船の眼高，$H = 0$ を代入して求める。

問 24 Co. 300°，18 ノットで航行中の船が，ある灯台の方位を 0940 に右舷 45°に測定し，1020 に右正横になった。1020 の灯台からの方位及び距離を求めよ。

答 船首倍角法による。正横時の灯台からの距離は，その間に航行した距離に等しいので，18 ノット×（40／60）＝ 12 マイル，方位は 300°－ 90°＝ 210°となる。

問 25 一物標を用いた船位決定法には，どのようなものがあるか。

答　① 同時観測：レーダーによる方位及び距離測定による。
　　　② 隔時観測：両測方位法・船首倍角法・四点方位法がある。

⑤ 地文航法　41

問26　船首倍角法を説明せよ。

答　両測方位法の特殊な場合で，1回目の物標の船首角（α）が，しばらく航走の後，その船首角が2倍（2α）になったとき，2回目の方位を求め，その間の航程が，後測時の本船と物標の距離となるのを利用して船位を求める方法。

問27　大圏航行を説明せよ。

答　両地間の最短距離を航走するために，両地を通る大圏上を航走する航法をいう。

問28　大圏航行に使用する海図及び海図の特徴を述べよ。

答　大圏図
〈特徴〉
① 子午線及び赤道は直線で表される。
② 一般の航程線及び小圏は曲線で表され，緯度線は極に対し凹となる曲線で表される。
③ 周辺に行くにしたがい，地形のゆがみが激しくなる。

問29　大圏航行を利用する方が有利なのはどのような場合か。

答　① 高緯度海域で東西に近い地点間を航行する場合
② 距離が大きく，変経が大きい場合

問30　集成大圏航行を説明せよ。

答　大圏航行により航行するときに
① 航海の途中，陸地・浅瀬などの障害物により航行できない場合
② 高緯度航行となり気象・海象状況の悪化でかえって不利な場合

このようなときに大圏航海算法と航程線航海算法を混用して行われる航法をいう。

⑥ 天文航法

> **問1** 赤緯，時角，赤経を説明せよ。

答 赤緯：天体を通る時圏上で天の赤道から天体までの弧を角度で表したもの。
時角：測者の天の子午線と赤緯の圏が天の極においてなす角をいう（一般に西向きに測る）。
赤経：春分点を通る天の子午線と，天体を通る天の子午線（時圏）が天の極においてなす角をいう。

> **問2** 視時，平時，均時差（Eq. of T），平均太陽とは何か。

答 視時：視太陽が極下正中したときを0時として，それから太陽が運航に要した経過時間。
平時：平均太陽が極下正中したときを0時として，それから太陽が運航に要した経過時間。
均時差：任意の瞬間における視時（A. T.）と平時（M. T.）の差。
平均太陽：天の赤道上を同一速度で移動すると仮定した仮想の太陽のこと。

> **問3** 均時差の符号（＋及び－）を説明せよ。

答 均時差は，視太陽と平均太陽の差を時間で表したものであるが，両者の位置関係は刻々変化しており，視太陽が先行している場合には（＋）となり，平均太陽が先行している場合には（－）の符号が付く。

> **問4** 時角とは何か。求め方を説明せよ。

答 測者の天の子午線と赤緯の圏が天の極においてなす角をいう。
天測時の世界時（U. T.）に E の値を加えれば，グリニッジ時角が求まり，

これに経度差（L. in T.）を加減すれば，地方時角が求められる。

問5 真日出時と常用日出時との違いを説明せよ。

答 真日出時：太陽の中心が真水平にかかったときをいう。
常用日出時：太陽の上辺が視水平にかかったときをいう。

問6 出没方位角法とは何か。

答 天体の真出没時にその方位を観測して，計算により求めた真方位と比較し，コンパスの誤差を求める手段をいう。実際は太陽のみが可能である。

問7 出没方位角法と時辰方位角法の利点・欠点を述べよ。

答 ＜出没方位角法＞
利点　① 計算，測定が簡単である。
　　　② 精度の良いジャイロエラーが得られる。
　　　③ 時辰方位角法ほど正確な時間を必要としない。
欠点　① 観測時機が出没時に限られる。
　　　② 恒星・惑星・月は利用できない（太陽のみが利用できる）。
＜時辰方位角法＞
利点　① 観測時機に制約がなく，どの天体でも利用できる。
欠点　① 出没方位角法に比べ計算がやや煩雑である。
　　　② 測定にアジマスミラーなどの器具が必要であり，測定に技術が必要である。

問8 出没方位角法は太陽がどのような状態のときに行うか。

答 真日出没時，すなわち太陽の下辺が視水平からほぼ視半径分（約20′）上方に位置するときに測定する。

問 9 東経から西経へ行く場合（例えば神戸からサンフランシスコ）の時刻改正法について述べよ。

答 例えば神戸からサンフランシスコへ向かう東航の場合，毎日時刻を進め，日付変更線において一日遅らせる（同じ日を繰り返す）。

問 10 メリパスによって緯度を決定するためにはどのような要素が必要か。

答 緯度 $(lat.) = (90° - a) \pm d$
ここで
　d：赤緯
　a：天体の高度
と表されるので，天体の高度と赤緯が必要である。
（この他，高度改正のため，眼高，気温，水温が必要である）

問 11 北極星の高度によって何がわかるか。この方法を何というか。

答 観測者の緯度がわかる。
北極星緯度法

問 12 六分儀で天体の高度を測定する場合，正しい高度を得るためにどのようなことに注意するか。5つあげよ。

答
① 正確な器差（I.E.）を把握する
② 六分儀を左右に振って天体の弧が水平線に接するようにし，鉛直に測定していることを確認する
③ 望遠鏡の焦点を合わせておく
④ 眼高を正確に把握する
⑤ シェードグラスを適度に調整する

問 13 天測で高度を測定するのは何を求めるためか。

答 観測時の時刻（世界時），測定した天体の赤緯（d），推測位置から，天体の計算高度（a_c）及び方位角（Z）が計算できる。天測で測定した高度（a_o）を測高度改正して真高度（a_t）とし，計算高度と真高度より，修正差（I）を求めることができる。

この修正差と方位角による位置の線を求めるためである。

問 14 緯度（lat）38°N，赤緯（d）17°N のとき，天体の正中高度はいくらになるか。また，それは南面か北面か述べよ。

答 子午線面図を思い描いてみるとよい。

正中高度（a）＝ 90°－緯度（lat）＋赤緯（d）

と表せるので，正中高度 69°となる。

緯度＞赤緯なので，南面正中する。

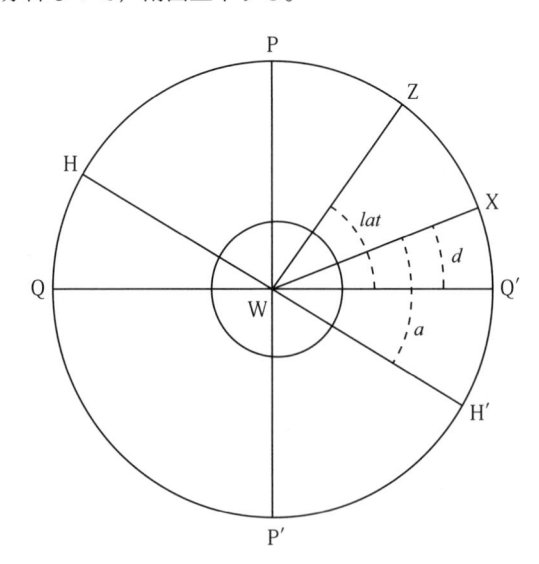

問 15 子午線高度緯度法で正中時に高度を測定するにあたり，正中より早く測った場合，遅く測った場合，緯度はどうなるか。

答 どちらの場合も高度は正中時より低く測定することになるので，I（修正差）$= a_t - a_c$ はマイナスへずれる。したがって，天体とは反対方向へずれることになり，例えば，南面して測定した場合，北へずれる。

問 16 天測によって船位を求める場合に必要な要素を述べよ。

答 緯度（$lat.$），赤緯（d），時角（h）から計算高度（a_c）を求め，さらに，緯度（$lat.$），赤緯（d），計算高度（a_c）から方位角 Z を求める。
$$\sin(a_c) = \sin(d)\sin(lat.) + \cos(d)\cos(lat.)\cos(h)$$
$$\cos(Z) = \{\sin(d) - \sin(lat.)\sin(a_c)\} / \cos(lat.)\cos(a_c)$$

問 17 太陽の子午線高度が 90°に極めて近い高度になるのは，推測緯度と太陽の赤緯がどのような関係にあるときか。

答 赤緯（d）と緯度（$lat.$）が同名で，ほぼ同じ値の場合

問 18 太陽の隔時観測により求めた船位には，位置の線の転位による誤差を生ずることがあるが，この誤差を生ずる原因をあげよ。

答 ① コンパスやログの誤差
② 海潮流の影響
③ 風，波の影響
④ 保針上の誤差

問 19 太陽の隔時観測によってより正確な船位を得るためには，どのようなことに注意しなければならないか。

答 位置の線の交角と転位誤差に注意する。
① 転位誤差を小さくするためには
・時間間隔はなるべく短い方がよい（約5時間以内）
・針路誤差，航程誤差をなるべく少なくし，外力の推定に正確を期す
② 一方，交角条件をよくするには

・30°以上の交角を得られるようにする

　上記2つの相反する条件を満たすには，30°〜40°の方位差がつけば，時間間隔は短い方がよい。

7 電波航法

> **問1** レーダーカーソルの利用法を述べよ。

答　① 方位線による避険線の設定
　　② 正横距離の予測など
に利用できる。

> **問2** レーダーにより方位と距離を測定した場合，どちらが精度が良いか。また，その理由を述べよ。

答　距離による位置の線の方が精度が良い。
　＜理由＞　方位による位置の線の誤差要因が多いため。（種々の具体的要因については省略。）

8 航海計画

問1 自分が乗船していた船の航海計画を立てるうえでの注意事項をあげよ。

答 主要な項目として，下記事項をあげる。
① 航路の選定
② 出入港時刻の決定
③ 主要通過地点の日時決定
④ 操船計画

Part 2 運 用

1　船舶の構造，設備，復原性及び損傷制御

問1　船のトン数の種類をあげ，説明せよ。

答　国際総トン数：国際航海に従事する船舶の大きさを表す。
総トン数：日本において海事に関する船舶の大きさを表す。
純トン数：旅客または貨物の運送のための船舶内の場所の大きさを表す。
載貨重量トン数：貨物などの最大積載量を表す。
排水トン数：船の全重量を表す。

問2　長さの種類を述べよ。

答　垂線間長（Lpp），全長（Loa），水線長（Lwl），船舶国籍証書に記載する長さ（Resister length）。

問3　垂線間長とは何か。

答　前部垂線と後部垂線の水平距離のこと。

問4　全長とは何か。

答　すべての突出端を含む最前端より最後端に至る水平距離のこと。

問5　水線長さとは何か。

答　満載喫水線における船首前面より船尾後面までの水平距離のこと。

問6　全幅と型幅の違いを述べよ。

答　全幅：船体で最も広い部分の片舷の外板の外面から他舷の外板の外面ま

での水平距離。

型幅：船体で最も広い部分の両舷のフレーム外面間の水平距離。

問7 型深さとは何か。

答 船の長さの中央でキールの上面より上甲板ビームの舷側における上面までの垂直距離。

問8 ストリンガとは何か。

答 ストリンガプレートやサイドストリンガ，パンチングストリンガなど，船側外板の内面を縦通する水平の板材または骨材で，船の縦強度を保つ。

問9 シヤーストレーキとは何か。

答 シヤーストレーキは強力甲板の舷側に付ける外板（舷側厚板）で，通常，船側の最上層に配置されている。

問10 ガーダとは何か。

答 ガーダは船の長さ方向に配置された縦強度を保持する部材で，甲板下に取り付けるほか，二重底構造部材として中心線ガーダ，サイドガーダが取り付けられ，二重底内を区画している。

問11 ディープフロア及びブレストフックについて説明せよ。

答 ディープフロア：航海中の波浪衝撃による外板やフレームなどの損傷防止のため，船首及び船尾部に特別な補強（パンチング構造）を行うための構造材の1つで，船底部を強固にし，フレームの下端の固着を確実にするため，二重底のフロアに比べて深さを増したもので，フレームごとに設ける。

ブレストフック：船首材の後面に設けて船首部を補強するもので，両舷のパンチングストリンガを船首前端で連結する。パンチングストリンガの前面だけでなく，その中間にも設置する。

問12　キャンバとは何か。

答　横断面において，甲板（上甲板・中甲板）を直線にしないでかまぼこ状にわん曲させた形での船体中心線上の最大のそりをいい，甲板の強度増加や水はけを良くする目的をもっている。

問13　シヤーとは何か。

答　上甲板を長さ方向に船首部及び船尾部で高くなるように凹形にそらせたもので，そのそりをいう。船の凌波性を良好にし，船首部への海水の流入を防ぎ，船首及び船尾部の予備浮力を増加する役割をもっている。

問14　船体の主要部材と役割について述べよ。

答　縦強度材：曲げやせん断力に対抗するため船首尾方向に配置される（キール，外板，甲板，内底板，縦隔壁，ガーダ）。
　　横強度材：横方向に変形させようとする力に対抗できるよう配置される部材である（横隔壁，フレーム，ビーム，甲板，外板）。

問15　二重底の構造を述べよ。

答　船底外板，ソリッドフロア，オープンフロア，内底板，マージンプレート，二重底外側ブランケット，センタガーダ，サイドガーダなどからなる。

問16　二重底の効用について説明せよ。

答　・座礁などで船底に破口ができても，その区画のみに海水の浸入をとど

め，船内への浸水を防止する。
- 船底強度を増加する。
- 二重底内はいくつかの区画に仕切り，各種タンクとして使用できる。

問17 本船の艤装数を知るには何を見ればよいか。

答 要目表

問18 艤装数とは何か。

答 錨や錨鎖などの属具の装備基準となる数

問19 錨鎖1節の長さはどれほどか。

答 錨鎖1節の長さは，JIS規格により25mまたは27.5mである。

問20 船に備え付けるべき錨鎖の節数はどのようにして決まるか。

答 船に備え付ける錨鎖の大きさや長さは，船舶設備規程に定められた艤装数で決まる。

問21 あなたが乗船した船の錨鎖は何節あったか。

答 自分が乗船したときの錨鎖の節数を調べておく。

問22 錨鎖のシャックルマークの付け方を説明せよ。

答 錨鎖の各節の終わりと次の節の始めにマークを付ける。例えば，1シャックルと2シャックルをつなぐ1節目の連結用シャックルの前後にある最初のスタッドにワイヤー巻き，そのリンクを白く塗る。2～10シャックルまではスタッドリンクの数を1節に対し1個ずつずらしてマー

クし，11節目からは同様にマークしていく。

問23 コモンリンクのスタッドとは何か。

答 スタッドとはかん柱のことで，スタッドの付いたコモンリンクをスタッドリンクという。リンクのもつれや変形を防止し，強度を増すためのものである。

問24 膨脹式救命いかだの手入れ法を説明せよ。

答 ① 膨脹式救命いかだ整備基準により，本体そのものは膨脹式救命いかだサービスステーションで整備される。
② 船舶乗組員は救命いかだ架台や，固縛索，金具，FRPコンテナ，自動離脱装置及びもやい索，ウィークリンクについて次のような整備を行う。
・積付け状態を適正にし，架台の塗料，錆による作動不良がないようにする。
・索具の腐食や金具類の変形したものは交換する。
・コンテナの変形が著しいとき，不良なパッキンは新替えし，嵌口（接合）部や索取出口で隙き間のあるものは粘着テープで塞いでおく。
・ウィークリンクの損傷部は新替えする。

問25 自動離脱装置あるいはもやい索には，赤い紐あるいは細いワイヤーが架台へ取り付けられているが，その理由は何か。

答 ウィークリンクで，自動的に救命いかだを膨脹させるために取り付けられている。

問26 船が沈没すれば救命いかだはどうなるのか。

答 自動離脱装置が水圧で作動して，コンテナが架台から離れて，コンテナ

自身の浮力で自然に浮上し，同時に作動索が引かれて，救命いかだは膨脹を開始し，コンテナを開いて，水上に浮上，展開する。

問 27 船舶の消防設備として，どのようなものがあるか。

答
・射水消火装置
・固定式鎮火性ガス消火装置
・固定式泡消火装置
・固定式高膨脹泡消火装置
・固定式加圧水噴霧装置
・固定式水系消火装置
・自動スプリンクラ装置
・固定式甲板泡装置
・固定式イナート・ガス装置
・機関室局所消火装置
・消火器
・持運び式泡放射器
・火災探知装置及び手動火災警報装置
・消防員装具及び消防員用持運び式双方向無線電話装置
・可燃性ガス検定器

問 28 火災探知装置とは何か。

答 火災の発生したことを自動的に検知して警報器に信号を送る装置である。

問 29 火災探知装置にはどのような方式があるか。

答
① 熱感知式
② 煙感知式
③ 煙管式

問30　A/C，A/F 及び B/T の違いを述べよ。

答　A/C（Anti-Corrosive bottom paint）：船底塗料 1 号（錆止め船底塗料）で，浸水部外板の腐食防止及び錆止めのために使われる下塗り塗料である。

A/F（Anti-Fouling bottom paint）：船底塗料 2 号と呼ばれ，A/C の上に塗るもので，海中生物の船底への付着防止を目的とする。

B/T（Boot-topping paint）：船底塗料 3 号で，水線部に帯状に塗り，錆止めと防汚の効力をもっている。

問31　ドラフトを読むのはいつか。

答
・停泊中に朝夕定時に読む。
・入港時，出港時に読んでコンディションの資料とする。
・各港の荷役終了時に読む。
・その他必要に応じて読む。

問32　ドラフトの読み方と注意事項を述べよ。

答
・10cm 置きに描かれ，字の太さは 2cm，字の高さは 10cm である。
・タンカーなど乾舷の高い船ではジャコブスラダーを使用して測読することが多いので，安全には十分気を付ける。
・波があるときは数回の波のくり返しを観測して平均したドラフトを読み取る。
・なるべく水平方向に近い方向から読む。

問33　「満載喫水線を示す線」において，「W」「S」「T」などの記号は何を意味するか。

答　W：冬期満載喫水線
S：夏期満載喫水線

T：熱帯満載喫水線

その他に，以下がある。

WNA：冬期北大西洋満載喫水線

F：夏期淡水満載喫水線

TF：熱帯淡水満載喫水線

問 34 喫水の標示方法を述べよ。

答 喫水標はキールの下面から垂直に上方に向かって 20cm 間隔でマークを付ける。10cm の高さの数字で書き，その字の下端がその喫水を示す。

問 35 船舶の安定状態の目安となるものは何か。

答 GM であり，重心 G と横メタセンタ M との上下位置関係と距離を，安定性の目安とする。

問 36 船の釣り合いの状態について述べよ。

答 重心 G と横メタセンタ M の上下関係により，安定，中立，不安定の 3 つの釣り合いがある。

問 37 安定の釣り合いについて述べよ。

答 傾いたとき，元の状態に起き上がろうとする。GM は正である。

問 38 不安定の釣り合いについて述べよ。

答 傾いたとき，ますます傾斜しようとする。GM は負である。

問 39 中立の釣り合いについて述べよ。

[答] 傾いたとき，起き上がりも傾斜しようともせず，傾斜したままである。GMは0である。

[問]40 GMとは何か。また，GMが大きいと復原力が大きい理由を説明せよ。

[答] 船体重心と横メタセンタ（傾心）との距離をメタセンタ高さといい，「GM」で表す。傾斜角をθとすれば，初期復原力 $= W \cdot GM \cdot \sin\theta$ と表され，GMが大きいと初期復原力は大きい。

[問]41 横揺れ周期と復原力とはどのような関係があるか。

[答] 横揺れ周期をT (sec)，船幅をB (m)そして横メタセンタ高さをGMとすれば

$$T = \frac{0.8 B}{\sqrt{GM}}$$

この関係式よりTが長ければGMは小，すなわち復原力は小さい。Tが短いとGMは大で復原力は大きい。

[問]42 船舶の重心及び浮心について説明せよ。

[答] 船舶の全重量が一点に集中していると見なす点を重心といい，キール上面からの距離KG，船体中央（⊗）からの距離⊗G (LCG)で表す。
浮力の作用中心を浮心という。浮心は，船舶の水面下の容積の中心と一致する。

[問]43 喫水から排水トン数を求める場合の修正には，どのようなものがあるか。

[答] 船首尾喫水修正，トリム修正，ホグ・サグ修正，海水密度修正。

問 44 航海中の船の状態から復原力が適当であるかどうかを判断する方法を述べよ。

答 横揺れ周期が長すぎるとき，片舷から風を受けたときの傾斜が甚だしいとき，舵をとったときの傾斜が甚だしいとき，タンクの水や船内重量物をわずか移動してもぐらつくときは復原力が低下している。すなわち，船の横揺れ周期や傾斜角から復原力が適当かどうか判断できる。

問 45 復原力の算出式を述べよ。

答 復原力 $= W \cdot GZ$
W：排水トン数，GZ：復原てこ

問 46 初期復原力の算出式を述べよ。

答 初期復原力公式
復原力 $= W \cdot GM \cdot \sin\theta$
W：排水トン数，GM：横メタセンタ高さ，θ：傾斜角

問 47 GZ とは何か。

答 船体重心より浮力の作用線に下した垂線の長さで，復原てこという。

問 48 メタセンタとは何か。

答 船を少し傾斜させたときの浮力の作用線と直立時の浮力の作用線との交点をいう。

問 49 浮心とは何か。

答 浮力の作用中心であり，水面下に没している船体部分（排水容積）の中心と一致する。

問 50 浮面心とは何か。

答 水線面積の中心

問 51 自由水とは何か。

答 タンク内の液体が充満されない状態で，自由に移動できる表面を有する液体をいう。

問 52 乾舷とは何か。

答 水面上の外舷部の高さ

問 53 ホギング・サギングについて説明せよ。

答 ホギング状態は船首尾付近が重く，船体中央部付近で浮力が勝るときに生じる。空船航海時になりやすい。
　サギング状態は重量が中央部付近で大きく船首尾部付近で浮力が勝るとき生じるもので，タンカー，鉱石船等長大な船で満載時，著しい傾向を示す。

問 54 ビルジキールとは何か。

答 船の長さの中央部付近において船底湾曲部（ビルジ外板）に前後方向に取り付けられたプレートで，船の横揺れを軽減する役割がある。

問 55 入渠中の注意事項について述べよ。

答
- 火災・盗難の防止
- 船外への排水
- 重量物の移動
- 船内外の足場・開口部からの転落防止
- 修繕箇所の点検と完了の確認
- 検査・工事予定変更の確認

問 56 入渠中における錨鎖の手入れの手順を述べよ。

答
- 全錨鎖を繰り出して並べ，ハンマーやワイヤーブラシで錆を落とす。
- リンク，スタッドをたたき，緩み，亀裂，曲がり及び摩耗を調べる。
- 連結用シャックルはピンを打ちかえる。
- 錨鎖の振り替えなどを行う。
- 錆落とし及び各部の点検が済めば，塗装してシャックルマークを付ける。

2 当直

問1 航海当直交代時の引継ぎ事項について述べよ。

答
① 船位
② 針路，速力，航走距離，機関の状態
③ 計器類の作動状況，自差
④ 視界内にある他船，物標，灯台，間もなく見える物標など
⑤ 天候，海潮流等の状況
⑥ 船長からの指示
⑦ 航海灯の状況，その他当直中にあった変わった事項

問2 船橋に立つ前に，どのような注意が必要か。

答
① 当直中の針路や物標，障害物などを調べて，当直中にあまり海図にあたらなくてもよいようにしておく。
② 船長命令簿をよく読んでおく。
③ 交代前遅くても5分前には船橋に立ち，正確に引継ぎを受ける。特に夜間は眼を慣らす意味で，早めに船橋に立つ必要がある。

問3 当直中，どのような場合に船長へ報告するか。

答
・急激な気象の変化や狭視界となり，またはそうなることが予想される場合
・本船の運航または他船の動向に不安が生じた場合
・針路の保持が困難となった場合
・初認した物標が予想と違う場合
・機関，操舵装置またはその他の重要な航海装置が故障した場合
・航海当直の引継ぎを受ける職員が明らかに航海当直を行う状態ではないと考えられる場合
・他船または陸上から本船へ信号があった場合

- 遭難船を発見した場合
- 航海の安全に関し不安がある場合
- 荒天時に波浪による損傷を生ずるおそれのある場合

問4 出港前の三航士の準備作業について述べよ。

答
- 出港コンディションの作成：喫水，燃料，清水手持量，貨物の積揚量，次港のETAなどをメモで船長，一航士に提出する。
- 港の潮汐，日出没時を調査し船橋の白板（黒板）に記入，月出没時，出港後の必要な地域の潮流，海水比重も記入する。
- 船橋における出港準備：海図，双眼鏡，必要な信号等を準備し，時計の整合，テレグラフ・汽笛・マイク・舵のテスト，トライエンジン，航海灯のテスト，コンパスの点検，レーダー等航海計器の準備を行う。

問5 トライエンジンを行う目的を述べよ。

答 トライエンジンを行うことにより，機関の作動を確認し，S/B Eng.に応じられるようにする。

問6 トライエンジンを行う場合の注意事項を述べよ。

答
- 船橋に三航士，甲板上に二航士という具合に配置につき，よく連絡をとりながら行う。
- プロペラの近くに障害物はないか，ボートなどがないか注意する。
- 係留索のたるみをとる。
- 舷梯は宙吊りにして船が前後に動いても破損しないようになっているか気を付ける。
- 船が万一移動した場合でも，本船のクレーンやデリック，陸上のクレーンに損傷がないよう舷側に障害物が出ていないか注意する。

問7 R/up とは何か。

答 R/up とは Ring up を省略した記号である。出港後スタンバイスピードで操船しているが，外洋へ出たら航海速力として機関用意を解除する。そのテレグラフの操作を R/up という記号で表す。

問8 船内で書かれる日誌にはどのようなものがあるか。

答 公用航海日誌，船用航海日誌，当直甲板日誌，航海撮要日誌，無線業務日誌などがある。

問9 船用航海日誌の主な記入事項を述べよ。

答 記事欄には，航程，針路，風向・風力，天候，気圧，気温・水温，正午位置，航海時間，航進時間，燃料・清水消費量及び保有量など（航海に関する事項）と備考欄がある。

③ 気象及び海象

問1 平均風速を求めるときの（観測）時間を述べよ。

答 平均風速の（観測）時間は10分間
　＜補足＞　他に、風速を表すものとして、以下のものがある。
　　瞬間風速：ある時間の瞬間的に示した風速
　　最大風速：ある観測時間中の10分間毎に示した平均風速の中で最大のもの
　　最大瞬間風速：ある観測時間中の瞬間風速の中で最大のもの

問2 海陸風について説明せよ。

答　天気の良い穏やかなときに海岸地方で見られる風で、昼間は海上から陸上に向かって吹く海風が、夜間は陸上から海上に向かって吹く陸風が規則正しい周期で繰り返される。
　＜補足＞　海風と陸風が交代する間、風がない状態が続くが、これを朝凪、夕凪という。

問3 突風とは何か。また、どのくらいの風速か。

答　風は強弱を繰り返し吹き続け、これを「風の息」といい、この風の息の激しい場合、すなわち急に強くなったり、すぐ弱くなったりする風をいう。
　だいたい10分の間に、瞬間風速の差が10m/s以上のときが目安である。

問4 突風の原因を述べよ。

答　① 暴風のために大気の渦流など擾乱（じょうらん）が起きるとき。
　　② 地表の凹凸による大気の乱れ。
　　③ 大気が不安定で付近の気層が対流を起こす場合。
　＜補足＞　暴風の中に突風ありと言われる。温帯低気圧，寒冷前線，季

3　気象及び海象

節風，熱帯低気圧，偏西風などで暴風となる。

問5　春一番について説明せよ。

答　日本海低気圧の第一陣が2月中旬頃来て，暖域内に吹き込む強い南西風のために急に春めいた陽気をもたらすと同時に，突風が吹きまくる。これを春一番と呼んでいる。

問6　季節風を説明せよ。

答　半年毎に吹き変わる風の系統であり，冬は大陸から海洋に，夏は海洋から大陸に向かって吹く卓越風である。

問7　露点温度を説明せよ。

答　現在の水蒸気量を変えないで気温を下げていくと，やがて飽和に達し水蒸気が凝結を始める。そのときの温度のことをいう。

問8　気圧の日差とは何か。

答　一日の中での気圧の変化を日変化といい，午前3時と午後3時に気圧の谷（最低気圧）が，午前9時と午後9時に気圧の山（最高気圧）が見られる。
　　この一日の中での最高気圧と最低気圧との差を日差（日較差）という。

問9　気圧の谷とは何か。

答　天気図上で，低気圧の中心から凹状に細長く伸びた低圧部である。

問10　霧の発生と種類を説明せよ。

答 大気が冷却されることにより，大気中の水蒸気が飽和に達し凝結を始め，細かい水滴が空中に浮かんで霧となる。

視程 1km 未満の場合を「霧」といい，1km 以上 10km 未満は「もや」という。

発生原因によって霧を分類すれば，気団霧と前線霧に大別できる。
　気団霧：① 移流霧，② 蒸気霧，③ 放射霧
　前線霧：① 温暖前線霧，② 寒冷前線霧，③ 前線通過霧

問 11　瀬戸内海の霧はどのような霧か。

答　移流霧が主である。これに前線霧が加わることがある。
【解説】
　3月から7月にかけ，瀬戸内海沿岸の陸上の気温が上がっても，海水の温度が低いため，暖かい陸上の大気や周辺の暖気が瀬戸内海に出て発生する。

問 12　三陸沖の霧はどのような霧か。

答　移流霧
【解説】
　典型的な移流霧で，海霧とも言われる。高温多湿な空気が黒潮（暖流）を吹き渡って，親潮（寒流）流域に出たとき冷やされて生じる規模の大きな霧である。

問 13　高気圧と低気圧は，一言でいって何か。

答　高気圧とは相対的に周囲より気圧の高い部分，低気圧とは相対的に周囲より気圧の低い部分である。
　＜補足＞　標準気圧（1013 hPa）でも，周囲の状態によっては低気圧になることも高気圧になることもある。

問 14　夏と冬の気圧配置を述べよ。

答　夏の典型的な気圧配置は，南高北低型である。
　　冬の典型的な気圧配置は，西高東低型である。
　　＜補足＞　その他の日本近海の気圧配置に
　　　　日本海低気圧型（冬から春）
　　　　移動性高気圧型（春と秋）
　　　　梅雨型（初夏）
　　　　台風型（夏と秋）
　　　　二つ玉低気圧型（冬から春先に顕著）
　　などがある。

問 15　移動性高気圧の天気の特徴を述べよ。

答　シベリア高気圧の縁辺から直接分離して移動してくるものと，揚子江気団を経て移動してくるものがある。春と秋に多い。中心の東側から中心にかけて天気は良いが，中心を過ぎると後に続く低気圧のために曇りだし，雨になる。
　　雨の周期は3～4日，平均の直径1,000km，移動速度は40～50km/hで東に進む。

問 16　前線の種類，閉塞前線ができる原因を述べよ。

答　＜前線の種類＞
① 温暖前線
② 寒冷前線
③ 停滞前線
④ 閉塞前線
＜閉塞前線ができる原因＞
　　低気圧の進行の際，温暖前線より寒冷前線の方が速度が早く，寒冷前線が温暖前線に追いついたときにできる。
＜補足＞　閉塞前線には次の2種類がある。

① 追いついた西側の寒気が東側の寒気より温度が低いときにできる寒冷型閉塞前線
② 追いついた西側の寒気が東側の寒気より温度が高いときにできる温暖型閉塞前線

問 17 温暖前線及び寒冷前線を説明せよ。

答 温暖前線：暖気が寒気の方へ押しよせ，暖気が寒気の上に這い上がっていく。温帯低気圧の中心から南東にのびる。
　　寒冷前線：寒気が暖気の方へ押しよせ，寒気が暖気を押し上げながら暖気の下に突っ込んでいく。温帯低気圧の中心から南西にのびる。

問 18 停滞前線を説明せよ。

答 暖気と寒気が平行に流れたり，勢いがほとんど同じであるために，ほとんど移動しないか，その動きが鈍く，同じ場所に長い間存在する前線である。性質は温暖前線に似て，東西にのびることが多い。

問 19 寒冷前線の通過時には天候，気圧，気温はどのように変化するか。

答 天候：激しい雨を降らせ，通過後は急激に回復する。
　　気圧：前線接近とともに下がりだし，通過後緩やかに上昇する。
　　気温：通過後急激に下降する。

問 20 梅雨前線を説明せよ。

答 6月中旬から7月中旬，冷たいオホーツク海高気圧と暖かい小笠原高気圧が日本の南岸でぶつかり合い，この両者の間にできる停滞前線のことである。日本の雨期に当たる。

問 21 日本付近での温帯低気圧の発生場所とその進路を説明せよ。

答
① 中国北部黒竜江，バイカル湖方面で発生して東進し，樺太からオホーツク海方面に向かうもの。
② 中国東北区方面で発生し，初めは南東進し，その後日本海を北東進し，北海道方面に抜けるもの。
③ 中国中部で発生し，東シナ海から日本海南部を通って東北地方や北海道から洋上に去るもの。
④ 揚子江，台湾付近で発生し，日本の太平洋側を進むもの。

問 22 低気圧が近づくと，なぜ天候が悪くなるのか。

答 低気圧には，地球の自転の影響を受けて，北半球では反時計回りに風が中心に向かって吹き込んでくる。中心に吹き込んだ風は，上昇気流となって雲を作り，雨や雪を降らせる。

問 23 温帯低気圧が通過する場合の風向の変化を説明せよ。

答
＜低気圧が北側を通過する場合＞
　　南東から温暖前線の通過によって南西風に変わり，その後寒冷前線の通過によって北西風に変わる。
＜低気圧が南側を通過する場合＞
　　南東寄りの風から次第に反時計回りに東→北東，南にある低気圧の中心の通過と共に北→北西と変化する。
＜低気圧の中心が通過する場合＞
　　南東風がほぼ一定に吹き，中心通過と共に北西に急変する。

問 24 温帯低気圧と台風の違いを述べよ。

答 相違点をまとめると，次の表のようになる。

	温帯低気圧	台風
発生地	中緯度（温帯）	低緯度（熱帯）
前線	あり	なし
眼	なし	あり
等圧線の形	前線のため不規則	ほぼ同心円形
風力	比較して弱い	非常に強い
気圧	980hPa以下で大低気圧	960hPa以下も珍しくない
進路	東進	西進または西進後，転向して北東進

<補足> 温帯低気圧の風力は台風に比べて弱いので，風力そのものが弱いわけではない。

問25 台風の風速はいくらか。

答 風力8（約17m/s）以上を台風という。

【解説】 あくまでも日本での分類であり，それ以下は，熱帯低気圧と呼ぶ。国際的な呼び名でtyphoonとは，風力12（約35m/s）以上である。

問26 台風の進路上にいるときにはどのような風が吹くか。

答 中心に近づくにつれ風が強くなるが，風向の変化はない。やがて台風の眼の中に入り，これが過ぎると風向は逆転する。

【解説】
台風の進路の右側にいる場合：北上する台風に対して東→南東→南→南西のように風向が順転する。
台風の進路の左側にいる場合：北上する台風に対して北東→北→北西のように風向が逆転する。

問27 台風の可航半円と危険半円を説明せよ。

答 可航半円：台風の進行軸の左半円では，台風を流す風（一般流）と台風自身の風が反対なのでやや風が弱められるため，可航半円と呼ぶ。また，風が後方に吹いていて，左半円にいる船は早く台風の後方へ脱出できる。

危険半円：台風の進行軸の右半円では，台風自身の風と一般流の方向が同じなので合成され，風速がいっそう強くなるため，危険半円と呼ぶ。また，風は台風の前面では進行軸に向かって吹くので，船がこの中に入ると，風の流れに乗って暴風圏の中にいる時間が長引き，なかなか抜け出せない。

問28　台風の避航方法を説明せよ。

答　基本法則として，「R・R・Rの法則」と「L・R・Lの法則」がある。(RはRight：右，LはLeft：左の意味)
　＜R・R・Rの法則＞　台風の右（R）半円にいるとき，船舶は右舷（R）船首に風を受けて避航せよ。風向は右転（R）する。
　＜L・R・Lの法則＞　台風の左（L）半円にいるとき，船舶は右舷（R）船尾に風を受けて避航せよ。風向は左転（L）する。

問29　バイスバロットの法則を説明せよ。

答　北半球において，風を背にして立ち，左手を真横にあげると，そのやや斜め前方に低気圧の中心や台風の中心がある。
　＜補足＞　「やや斜め前方」とは，海上の場合で真横から15°〜30°前方である。台風の等圧線はほぼ円形で，左右対称であるからよく当てはまるが，低気圧では前線を伴うため，形が不規則で，この法則をそっくり当てはめると誤差が大きい場合がある。南半球では，右手を真横にあげることになる。

問30　アネロイド気圧計の観測について述べよ。

答
- 目と示針を結ぶ線が文字盤に垂直になるようにして読む。
- 示度を読む前に軽くガラス面に触れてみる。
- 各正時に読む。
- 気圧は 1/10 hPa まで読む。
- （正しい気圧）＝（読み取り値）±（器差補正）＋（海面更正）

4 操船

問1 側圧作用,横圧力を説明せよ。

答 後進機関をかけた場合,右回り一軸船では左回りとなるため,プロペラの放出流が右舷側では船底をたたき,左舷側では船底へ流れ去るため船尾を左へ押す。この作用を側圧作用という。
　プロペラ翼に受ける水の圧力は翼の面に垂直に働くが,この力の横方向の分力を横圧力といい,プロペラの回転方向へ船尾を偏向させる。

問2 右回り一軸船で機関を停止から後進にかけたとき,船首または船尾が偏向する理由を述べよ。

答 右回り一軸船で停止から後進をかけた場合,船尾が左に押されながら後進する。これはまず横圧力が働き,これとともに放出流の側圧作用が強く働くからである。

問3 錨の利用法について述べよ。

答
・錨泊
・緊急行き脚停止
・その場回頭
・着岸時の前進抑制,船の回し付け,横付けによるショック防止
・離岸時に利用
・強い風潮流による圧流を防ぐ

問4 錨泊法の種類を述べよ。また,それぞれどのような場合に使用するか。

答
単錨泊:錨泊海面に余地があるか,一時的に錨泊する場合
双錨泊:狭い港内で振れ回りを抑えたい場合
二錨泊:一方向からの風潮が強い泊地または荒天の場合

問 5 コックビルについて説明せよ。

答 ウィンドラスをウォークバックして,ホースパイプ内のシャンクを出して,錨を水面上まで降ろして,ブレーキで吊った状態をいう。

問 6 前進投錨の利点・欠点を述べよ。

答 利点:投錨作業が短い。予定錨地に正確に投錨できる。
　　欠点:ホースパイプのところで錨鎖が屈折するため,切断事故を起こす可能性がある。外板に損傷を与えることが多い。

問 7 深海投錨はどのように行うか。

答 水深が 25m 以上のときは,錨と錨鎖との自重で相当の早さで錨が落下し,錨鎖が切断したり,錨が海底に強く接触して亀裂が生じたりするので,ウィンドラスで海底近くまで,ウォークバックさせて投錨する。

問 8 双錨泊の場合,単錨泊と比較してどのような利点,欠点があるか。

答 利点:船の振れ周りが小さく,船首の振れ,前進運動が緩和される。風力が増大すれば,両舷錨鎖をのばして強力な把駐力を得ることができる。
　　欠点:からみ錨鎖になることが多い。投錨,抜錨,捨錨の錨作業に時間がかかる。

問 9 錨鎖伸出量の標準はどれぐらいか。

答 伸出量は,次を目安とする。
　　普通の場合:(風速毎秒 20m 位まで) $3D + 90$ m
　　荒天の場合:$4D + 145$ m
　　　ただし,D:高潮水深 (m)

問 10 係船索の名称をあげよ。

答 ヘッドライン，スタンライン，スプリングライン，ブレストライン。

問 11 スクォートについて説明せよ。

答 前進航走中の船では，一般に船体沈下及びトリムの変化が生ずる。これらの現象のために，船底下の余裕水深が減少することをいう。

問 12 旋回圏とは何か。

答 旋回運動中の船体重心が描く軌跡のことをいう。

問 13 縦距とは何か。

答 転舵したときの船体重心点から回頭したときの重心点までの原針路上の伸出距離をいう。

問 14 横距とは何か。

答 転舵して 90°回頭したときの船体重心と原針路との横の間隔をいう。

問 15 最終旋回径とは何か。

答 船が一定の円運動をしだしたときに描く円の直径をいう。

問 16 リーチとは何か。

答 舵をとったときの船体重心位置から旋回圏の中心までの原針路方向の縦距離をいう。

問 17 キックとは何か。

答 舵をとったときの船体が原針路から外方にはみだす現象をいう。

問 18 惰力の種類をあげよ。

答 回頭惰力，発動惰力，停止惰力，反転惰力。

問 19 回頭惰力とは何か。

答 転舵後，船の回頭角速度が一定になるまでの惰力及び回頭中に舵を中央に戻してから回頭が止まるまでの惰力をいう。

問 20 発動惰力とは何か。

答 停止中の船が機関を全速前進にかけてから船速が現実に全速になるまでの惰力をいう。

問 21 停止惰力とは何か。

答 船が前進航走中機関を停止し，対水速力が2ノットになるまでの惰力をいう。

問 22 反転惰力とは何か。

答 船が前進航走中機関を後進にする場合，機関を後進にかけてから，対水速力がなくなるまでの惰力をいう。

問 23 転心とは何か。

答 旋回圏の中心から船首尾線に下した垂線の交点をいう。普通，船首から船の長さの約 1/3 〜 1/5 のところにある。

問 24 最短停止距離とは何か。

答 全速前進中，機関を全速後進にかけて船が停止するまでの進出距離をいう。

問 25 船尾でシングルアップ作業を行っている場合，甲板上でどのような注意が必要か。

答 シングルアップを行う場合，風が強いときなど特に注意し，最後に放すロープのたるみを取ってから開始する。
　作業中放したロープの状態，特にプロペラがクリアーであるかどうか細かに船橋へ報告する。
　アフトスプリングを放して巻き込むとき，岸壁にひっかかったりした場合，作業員がブルワークの外へ身を乗り出して点検しながらウインチを巻くとロープがはねたとき危険なので，作業員とロープの動きによく注意することが大切である。

問 26 シングルアップとは何か。岸壁，ブイ，双錨泊別に答えよ。

答
- 岸壁からのシングルアップは，普通船首部ではヘッドライン 1 本，フォワードスプリング 1 本，船尾部下はアフトスプリング 1 本，スターンライン 1 本とし，各ラインとも「全部レッコ」の号令がかかったら同時に放し，巻き込むことができる状態にする。
- ブイからのシングルアップは，スリップワイヤー 1 本のみにて行う。
- 双錨泊からのシングルアップは，片舷の錨は巻き揚げてしまい，S/B とし，残りの錨鎖はショートステイとする。

問 27 岸壁で最後に残すライン名と双錨泊でどちらの錨鎖を先に巻き揚げるか述べよ。

答
- 岸壁で最後に残すラインは，多くの場合フォワードスプリングである。
- 双錨泊からシングルアップする場合，普通右舷の錨鎖を先に巻き揚げる。もし最後の錨を揚錨中に後進機関を使用することがあれば，船尾は左偏するので，右舷錨が残っていれば，錨鎖は船首をこすって左舷側へ張るが，左舷錨の場合，無理な摩損はない。

問 28 揚錨時における船橋への報告事項について述べよ。

答
- 錨鎖の方向と張り具合及び揚錨開始を報告する。
- 現在水没している錨鎖の節数は揚錨しながら水面上に現れた節マークを確認して次々に報告し，ショートステイになったとき報告する。
- アッペンダウンアンカーになったとき報告する。
- 錨が水面上まで揚がったとき，その状態を報告する。

問 29 制限水路の影響について述べよ。

答
- 水深が喫水に対して浅く，船幅に対して水路幅の狭い運河や河川のような水路を制限水路という。このような水路を通る船は，浅水影響や側壁影響が強く現れる。
- 浅水影響とは，水深が浅くなると，船底への流れが制限されて側方への平面的な流れに強制されるので，船体周りの水圧分布が変わり，速力の低下が目立ち，高速で走ると，伴流の影響でプロペラに起振力を生じて船体が異常に振動することである。
- 側壁影響とは，制限水路における側壁への吸引作用や船首部の反発作用を受けることで，不安定な回頭作用が生じて船のすわりを悪くし，操船が難しくなる。

5 船舶の出力装置

問1 ディーゼル機関の作動原理を述べよ。

答 空気をシリンダ内で断熱圧縮すると，圧力と温度は上昇する。この高温，高圧になったシリンダの中に燃料を霧状にして噴射すると，自然着火して爆発を起こし，圧力，温度は急上昇する。この圧力によりピストンを押し下げ，クランク軸を介して回転運動をさせる。クランク軸の回転運動は推進軸，中間軸，プロペラ軸を通してプロペラに伝えられる。

問2 船用ディーゼル機関について述べよ。

答
- 船用ディーゼル機関では，大型機関には2サイクル機関が，小中機関には4サイクル機関が採用されている。
- ディーゼル機関においては，シリンダ内で燃料油を燃焼させ，ピストンに力を作用させるには吸気，圧縮，燃焼，排気の4つの行程が必要であり，この行程をクランク軸が2回転で完了する機関を4サイクル機関，クランク軸が1回転で完了する機関を2サイクル機関と呼ぶ。

6 貨物の取扱い及び積付け

問1 ダンネージの使用目的を述べよ。

答
- 貨物の損傷防止
- 船体や排水口の保護
- 通風換気
- 貨物相互の境界

問2 ターンバックルはどのようなところに使用するか。

答 静索，固縛索，鎖，そして天幕用のロープを緊張させるのに使う。

問3 S/F とは何か。

答 載貨係数で，通常 1 L/T の貨物を積み付けるために必要な船倉容積を ft^3 で示す。

問4 3万トンの鋼材を，3万 D.W.T の船舶にすべて積載できるか。

答 D.W.T は，船舶に積載できる全重量を表している。したがって，貨物を積載できる重量は 30,000 トンより少なくなるので，30,000 トンの鋼材を積むことはできない。

問5 COW システムとは何か。

答 COW は Crude Oil Washing の略で，原油タンカーにおいて揚荷役中，揚油の一部をタンクへ環流させ，タンク内に設置したノズルから揚油を噴射することにより，タンク内部を洗浄する方法である。原油は溶剤としての作用もあるので，スラッジを溶解して揚げやすくする。

問6　IGSとは何か。

答　IGSはInert Gas Systemの略で，タンカーにおいてボイラの排ガスを冷却して不純物，水分を除去したイナートガスをタンク内に充満させ，タンク内を酸素濃度の低い（5%以下）状態にすることにより，爆発の危険を防止するシステムである。

問7　イナートガスシステムにおける注意事項を述べよ。

答
- 供給されるイナートガスの酸素濃度が5%以下であること。
- イナートガスシステム及び全タンクに外気が入らないよう密閉されていること。
- タンク内圧が常に正圧であること。
- イナートガスを供給中，タンク口よりガスを吸入しないこと。
- 揚荷中のイナートガスシステム警報装置や安全装置が正常に作動することを確認する。
- ガス中の酸素濃度を連続的に記録しておく。

問8　船舶で運送する危険物はいくつに分類されているか。

答　9分類
（火薬類，高圧ガス，腐しょく性物質，毒物類，放射性物質等，引火性液体類，可燃性物質類，酸化性物質類，有害性物質）

問9　次に示す標札を添付した危険物は何か。

(1) 2 ←緑
(2) 3 ←赤
(3) 1.5 1 ←オレンジ

答 ① 非引火性高圧ガス
② 引火性液体類
③ 火薬類

問 10 鉱石船で，デバラスト（deballast）しながら積荷役を行うのはなぜか。

答 鉱石船が積荷を開始すれば，船体は積荷の進行に伴い沈下する。その程度は鉱石の比重が大きいので早く，係船索のたるみなど船体状態の変化が激しい。したがって，これらの変化をできる限り緩やかにし，ローダーなどへもあまり変化を与えないために行う。

問 11 船で使われるポンプをその構造によって分類すると，どのようなものがあるか。

答 ピストンポンプ，軸流ポンプ，渦巻きポンプ，回転ポンプ

問 12 ロープ及び滑車の大きさの測り方を説明せよ。

答
・ロープの太さの測定は，ストランドに外接する円を描き，その直径を測る。
・滑車の大きさは，一般にシェル（外殻）の長さを測り，ミリメートルまたはインチで表す。ただし，鉄製滑車は種類によりシェルの寸法が一定しないので，シーブの径をもって表す。

問 13 ワイヤーロープの破断力，安全使用力，安全率について説明せよ。

答 破断力：外力が加わり，その破断するときにロープが出すことのできる最大の抵抗力。
安全使用力：安全に使用できる範囲での最大荷重。
安全率：安全率＝破断力÷安全使用力

問14 あなたが乗船していた船のカーゴフォールの直径はどれだけであったか。長いか。

答 自分が乗船した船のものを答える。

問15 ワイヤーロープとブロックのシーブとの関係について述べよ。

答 ワイヤーロープを通索とするのは鉄製滑車であり，各種のワイヤーロープとシーブの径には一般的に次の関係がある。
　　シーブの径 = 17 ×（ワイヤーロープの径）

問16 テークルの倍力について述べよ。

答 テークルは滑車に索を通して組み合わせたもので，多様な組み合わせ方法によって倍力は異なるが，基本的にはホイップとランナーの考え方にあり，倍力は引き手の力（p）と荷重（w）の比，w/p で表される。
＜摩擦を考えない場合（見かけの倍力）＞
　① 動滑車を通る素数に等しく，通索の根元が動滑車にあれば，その索も含む。
　② テークルにテークルを取り付けた複テークルの倍力は，それぞれの倍力を掛け合わせた倍力となる。
＜摩擦を考えた場合＞
　実倍力はシーブ1枚につき荷重 w の 1/10 が荷重に加わると考え，シーブ数を m，見かけの倍力を n とすれば
$$w + (w \times 0.1 \times m) = p \times n$$
の関係がある。

問17 テークルの利用法について述べよ。

答 その倍力を利用して少ない力で重量物を移動させるために用い，倉内への貨物の引き込み，船用品の移動，デリック荷役でのガイへの力の軽減，

そして貨物の積卸しに用いる。

問 18 ロープの取り替え時期について述べよ。

答 鋼索については，有害な変形，摩損や腐食量が原寸法の 10% 以上に達したもの，亀裂や著しいより戻しを生じたもの及び 1 ピッチ間で索線が全索線の 10% 以上切断したものなどについて点検し取り替えるが，使用期間や状態などもその判断の材料とする。

問 19 ワイヤーロープが切断する理由について述べよ。

答 しゃくったり，キンクを生じたり，スリングの吊角度が悪く無理な力が加わったり，疲労により破断力が低下していたとき。

問 20 ワイヤーロープの強度はマニラロープの何倍か。

答 同じ直径として，強度は次の略算式で表される。
　　マニラロープ：$C^2 \times 1/3$
　　ワイヤーロープ：$C^2 \times 2$（1〜3 号索）
　　ワイヤーロープ：$C^2 \times 2.5$（4〜6 号索）
　　　C：周の長さ
したがって，ワイヤーロープの強度はマニラロープの 6〜7.5 倍である。

問 21 コファダムに入るとき，マンホールの開放から閉鎖までの作業要領を述べよ。

答
・ボックススパナでガットを開ける。
・酸素濃度と石油ガスの有無を点検する。
・マンホール内に立入り中の表示をしておく。
・2 人以上で行い，保護具を着ける。
・発錆状況について検査する。
・測深パイプロッド受金の摩耗について検査を行う。

・工具, ウェスなどの残留がないことを確認した後, ガットを閉める。

問 22 コファダムに入るときの換気法について述べよ。

答 マンホールを開放し, 機械通風による換気を行う。酸欠状態が十分に予想されるので, タンク内全面にわたって実施し, 酸素濃度が 18％以上となるまで続行する。その後も換気と測定を繰り返し行い, 特に隅や凹部に行きわたるよう実施すること。また, 新鮮な空気をできるだけ作業位置近くに噴出するように設備する。

問 23 タンカーにおいて, タンク内に入るときの注意を述べよ。

答 タンク内に入るときは, 人命の安全を第一に考慮する。
- 完全にガスフリーを実施しておく。
- タンク内ガス濃度と酸素濃度を入念に計測する。入口付近で安全でも底部にガスがたまっているので, 頻繁に計測を行う。
- 2人以上で行い, ライフラインを付け見張りを立てておく。
- ガスフリーであってもスラッジなどから石油ガスが再発生するので注意し, 連続した通風を行う。
- 保護具を着用させる。
- 作業の手順, 安全確認を事前に打ち合わせて周知徹底させる。

7 非常措置

問1 走錨を知る方法を述べよ。

答
- 船位を測定し，その振れ回り範囲で知る。
- 正横近くの見通し線のずれ具合で知る。
- ハンドレッドを使い，その張り具合で知る。
- 他の停泊船をレーダーでプロッティングしておき，そのずれ具合で知る。
- 片舷からだけ風を受けるようになったときは走錨している。
- 異常なショック感や錨鎖の張り具合で知る。
- 走錨すると振れ回りがほとんどないか，小さくなるのでわかる。

問2 狭水道航行上の一般的注意事項を述べよ。

答
- 水路の研究
- 詳細な航海計画
- 夜間航海をするときは自船の灯火に注意し，他船から誤認されるような灯火は点けない
- 投錨用意，機関用意，測深準備
- 安全操船

問3 当直中に浅瀬の付近を航海する場合の注意事項を述べよ。

答
- 避険線の利用計画を検討する。
- 頻繁に船位測定を行う。
- 測深機を作動し，深さの変化に気を付ける。
- 減速する。

問4 座礁したことを知る方法を述べよ。

答
- 船体にショックを感じ，行き脚が急激に低下するか停止する。
- 測深を行い，海の深さと本船の喫水とを比較してみる。
- 船位を確認し，海図とチェックする。
- 本船の周囲の海面ににごりが発生したときは要注意である。

問5 乗り揚げたとき，すぐ離洲しないのはなぜか。

答
- 船底が岩などに食い込んでいるときは，破口を拡げ浸水が多くなり沈没のおそれがある。
- 座洲しているとき長い時間後進をかけると，吸水口から砂泥を吸い込んで機関故障の原因となる。
- スクリュープロペラの使用で船尾が振れ動き，全面的に座洲したり，舵やプロペラを破損させることがある。

問6 人が海中に落ちた場合，当直航海士のとるべき処置を述べよ。

答
- すぐ手近の救命ブイと自己点火灯及び自己発煙信号を投下し，見張員に転落者を監視させる。
- 転落側へ転舵し，キックを利用して転落者をプロペラに巻き込まないようにする。
- 転落者救助操船を開始するとともに，船長に報告し，救命艇降下の準備をする。

問7 荒天時の操船法について説明せよ。

答
- 船の動揺周期が波との出会い周期と一致すると動揺はますます激しくなるので，縦揺れ，横揺れ，いずれの周期も出会い周期とずれるように針路や速力を変える。
- 操船は小刻みに行う。
- プロペラが空転するようであれば，針路を変えたり，回転数を調節したりする。
- バラスト水を積むなどして喫水を深くする。

・トリムを少なくする。

問 8 緊急時の停止法として，クラッシュアスターンのテレグラフの引き方を述べよ。

答 全速前進中，操縦ハンドルを全速後進へ操作する。誤操作でないことを示すため，テレグラフを 2 回全速後進操作する場合もある。

問 9 前方に障害物を発見したときの衝突回避動作について説明せよ。

答 船首前方ごく近くで障害物を発見した場合，最初変針で相手を避け，船首が変わった直後に舵を反転すれば，船尾はキックのため外方に押し出されて接触を避けることができる。

問 10 操舵機故障の処置を述べよ。

答
・操舵機は通常 2 台あるので，1 台故障の場合は操舵機を切り換える。
・2 台とも故障の場合は補助操舵装置を使用する。
・機関部に連絡し修理してもらう。
・いずれも使用不能な場合は，機関を後進にかけて停止する。

問 11 船舶での火災の主な原因は何か。

答 船内には貨物，燃料，塗料のような可燃性のものが多くあるので，次のような原因が考えられる。
・汚れたウェスなどの自然発火
・居住区や荷役中の喫煙によるタバコの不始末
・電気溶接やガス使用による火の粉の拡散
・電気系統でのスパーク
・危険物などの可燃性物質の発火

問12 火災発生時の処置について述べよ。

答 発生時，火災の延焼を防止するために早期に次の処置を行う。
- 火災発生を船内に知らせる（発生区画の確認）。
- 近くの消火用具により，初期消火に全力を上げる。
- 防火部署を発令し，本格消火に努める。
- 炭酸ガス注入などの密閉消火の準備を行う。

問13 荷役中の人身事故防止の注意事項について述べよ。

答
- 作業主任者を選任し，荷役方法の決定，指揮，通行設備，使用機械，保護具などの点検整備を行わせる。
- 貨物の積卸し中，その下の通行を禁止する。
- ハッチ開閉作業中，周辺への立入りを禁止する。
- 同一船倉内で異なる層での同時荷役を禁止する。
- 有害物，危険物などの取扱いを周知徹底させておく。
- 不適格な用具の使用を禁止し，制限荷重を厳守させる。
- 一定の合図や連絡方法を定めておく。
- 十分な照明を準備し，保護帽・安全靴その他必要な保護具を着用させる。
- 重量物などの取扱いは特に慎重に行わせる。

8 医療

> **問1** CPR とは何か。

答 心肺蘇生法のことで，CardioPulmonary Resuscitation の略である。

9 捜索及び救助

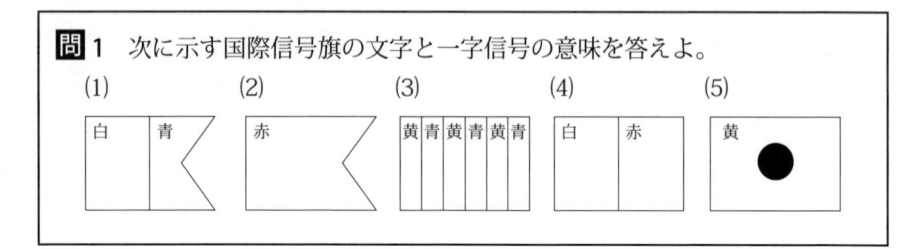

問1 次に示す国際信号旗の文字と一字信号の意味を答えよ。

(1) 白／青 (2) 赤 (3) 黄青黄青黄青 (4) 白／赤 (5) 黄・黒丸

答
(1) A：私は潜水夫をおろしている。微速で十分避けよ。
(2) B：私は危険物を荷役中，または運送中である。
(3) G：私は水先人が欲しい。
(4) H：私は水先人を乗せている。
(5) I：私は針路を左に変えている。

問2 次に示す国際信号旗の文字と一字信号の意味を答えよ。

(1) 赤／黄 (2) 青／白 (3) 白／青 (4) 青／白／赤

答
(1) O：人が海中に落ちた。
(2) P：(港内) 本船は出港しようとしている。全員帰船せよ。
　　　 (洋上) 本船の漁網が障害物に引っ掛かっている。
(3) S：本船は機関を後進にかけている。
(4) W：私は医療の援助が欲しい。

問3 IMOの国際航空海上捜索救助便覧のことをIAMSAR Manualというが，正式名称を述べよ。

答 International Aeronautical and Maritime Search and Rescue Manual

10 船位通報制度

問1 JASREPとは何か。

答 日本の船位通報制度で，Japanese Ship Reporting Systemの略である。
　船位通報制度は，参加船舶から提供される航海計画や航行中の船舶の位置などの情報を管理し，船舶の動静を見守ることにより，海難発生時の迅速かつ的確な捜索救助活動を可能とする制度であり，SAR条約においてその導入が勧告されているものである。

問2 AMVERとは何か。

答 Atlantic Merchant Vessel Emergency Reporting Systemの略で，1983年からはAutomated Mutual-Assistance Vessel Rescue Systemとなっている。

問3 MASTREPとは何か。

答 オーストラリアの船位通報制度で, Modernised Australian Ship Tracking and Reporting Systemの略である。

Part 3 法 規

1 海上衝突予防法 （本文中では，予防法とします）

問1 漁ろうに従事している船舶とはどのような船舶か。

答 ＜予防法第3条＞
船舶の操縦性能を制限する網，なわその他の漁具を用いて漁ろうをしている船舶。操縦性能制限船に該当するものは除く。

問2 運転不自由船とはどのような船舶か。

答 ＜予防法第3条＞
船舶の操縦性能を制限する故障，その他の異常な事態が生じているため他の船舶の進路を避けることができない船舶。

問3 運転不自由船の灯火・形象物はどのようなものか。

答 ＜予防法第27条＞
・最も見えやすい場所に，紅色全周灯2個を垂直線上に掲げる。
・最も見えやすい場所に，黒色球形形象物2個を垂直線上に掲げる。
・夜間：対水速力を有する場合は，船尾灯1個，げん灯1対を掲げる。

問4 操縦性能制限船とはどのような船舶か。具体例を3つ挙げよ。

答 ＜予防法第3条＞
船舶の操縦性能を制限する作業に従事しているため，他の船舶の進路を避けることができない船舶。
（次のうち3つ）
・航路標識，海底電線，海底パイプラインの敷設，保守，引揚げ
・しゅんせつ，測量，その他の水中作業
・航行中における補給，人の移乗又は貨物の積替え
・航空機の発着作業

- 掃海作業
- 船舶及びその船舶に引かれている船舶，その他の物件がその進路から離れることを著しく制限するえい航作業

問5 操縦性能制限船の灯火・形象物はどのようなものか。

答 ＜予防法第27条＞
- 最も見えやすい場所に，白色の全周灯1個と，その垂直線上の上下にそれぞれ紅色全周灯1個を掲げる。
- 最も見えやすい場所に，ひし形の形象物1個，かつ，その垂直線上の上下にそれぞれ球形の形象物1個を掲げる。
- 夜間：対水速力を有する場合は，マスト灯2個（長さ50メートル未満のものは，マスト灯1個），船尾灯1個，げん灯1対（長さ20メートル未満のものは，げん灯1対又は両色灯1個）を掲げる。

問6 喫水制限船とはどのような船舶か。また，どのように航行するか。

答 ＜予防法第3条＞
　船舶の喫水と水深との関係により，その進路から離れることが著しく制限されている動力船
　ヒント：＜予防法第18条第4項，第5項＞

問7 喫水制限船の灯火・形象物はどのようなものか。

答 ＜予防法第28条＞
- 最も見えやすい場所に，紅色全周灯3個を垂直線上に表示することができる。（他，航行中の動力船の灯火）
- 最も見えやすい場所に，円筒形の形象物1個を垂直線上に表示することができる。

問8 航行中とはどのような状態か。

答 ＜予防法第3条＞
　　船舶がびょう泊，陸岸に係留，乗り揚げていない状態のこと。

問9 適切な見張りとはどのような状態のことか。

答 ＜予防法第5条＞
　　周囲の状況，他の船舶との衝突のおそれについて十分に判断することができるように，視覚，聴覚，その時の状況に適した他のすべての手段により，常時見張りを行うこと。

問10 安全な速力とはどのような速力か。

答 ＜予防法第6条＞
・他の船舶との衝突を避けるために「適切かつ有効な動作」をとることができる速力
・その時の状況に適した距離で停止することができる速力

問11 安全な速力を決定する場合に考慮しなければならない事項を述べよ。
　(1)　レーダーを装備していない船舶／すべての船舶
　(2)　レーダーを装備している船舶

答 ＜予防法第6条＞
(1)・視界の状態
　　・船舶交通のふくそうの状況
　　・自船の停止距離，旋回性能その他の操縦性能
　　・夜間における陸岸の灯火，自船の灯火の反射などによる灯光の存在
　　・風，海面及び海潮流の状態並びに航路障害物に接近した状態
　　・自船の喫水と水深との関係
(2)　第6条第1項〜第6項に加え
　　・自船のレーダーの特性，性能及び探知能力の限界
　　・使用しているレーダーレンジによる制約
　　・海象，気象その他の干渉原因がレーダーによる探知に与える影響

- 適切なレーダーレンジでレーダーを使用する場合においても小型船舶及び氷塊その他の漂流物を探知することができないときがあること
- レーダーにより探知した船舶の数，位置及び動向
- 自船と付近にある船舶，その他の物件との距離をレーダーで測定することにより，視界の状態を正確に把握することができる場合があること

問12 他の船舶との衝突のおそれは，どのようにして検知するか。また，その場合の注意事項にはどのようなことがあるか。

答 ＜予防法第7条＞
- コンパス，レーダー，AIS，ECDIS，VHFなど，そのときの状況に適したすべての手段を使用する。
- レーダーを適切に使用し，長距離レーダーレンジにより走査，探知した物件のレーダープロッティングその他の系統的な観察を行う。
- 接近する他の船舶のコンパス方位に明確な変化があるかどうか測定する。

注意事項
- 不十分なレーダー情報，その他の不十分な情報に基づいて他の船舶と衝突するおそれがあるかどうかを判断してはならない。
  ※不十分なレーダー情報とは何か。
    ヒント：例えば，レーダーが正常に作動していない等
- 船舶は，他の船舶と衝突するおそれがあるかどうかを確かめることができない場合は，衝突するおそれがあると判断しなければならない。

問13 レーダーを使用している船舶が他船と衝突するおそれがあることを早期に知る方法はどのようなものがあるか。

答 ＜予防法第7条＞
- 長距離レーダーレンジによる走査
- 探知した物件のレーダープロッティング
- その他の系統的な観察など（レーダー情報を自動的に解析するARPAや電子プロッティング装置などによる系統的な観察のこと）

|問|14　他の船舶のコンパス方位が明確に変化している場合でも，衝突のおそれがあり得ることを考慮しなければならないのはどのような場合か。

|答|　＜予防法第7条＞
・大型船もしくはえい航作業に従事している船舶に接近しているとき
・近距離で他の船舶に接近するとき

|問|15　他の船舶と衝突するおそれがあるかどうか確かめることができない場合はどのようにするか。

|答|　＜予防法第7条＞
・他の船舶と衝突するおそれがあると判断しなければならない。
・そのときの状況に適用される航法規定に従った動作をとらなければならない。

|問|16　衝突を避けるための動作は，どのように行わなければならないか。

|答|　＜予防法第8条＞
・できる限り，十分に余裕のある時期に，船舶の運用上の適切な慣行に従って，ためらわずに行うこと。
・針路又は速力の変更は，できる限り，その変更を他の船舶が容易に認めることができるように大幅に行うこと。
・船舶は，他の船舶との衝突を避けるための動作をとる場合は，他の船舶との間に安全な距離を保って通過することができるように動作をとらなければならない。
　　この場合において，船舶は，その動作の効果を他の船舶が通過して十分に遠ざかるまで慎重に確かめなければならない。

|問|17　針路のみの変更が，他の船舶と著しく接近することを避ける（衝突を避ける）最も有効な動作となる場合の条件とは何か。

答 ＜予防法第8条＞
- 広い水域であること。
- 新たに他の船舶（第3船）に著しく接近することとならないこと。
- 針路の変更が適切な時期に行われること。
- 針路の変更が大幅に行われること。

問18 狭い水道等の航法を述べよ。

答 ＜予防法第9条＞
　狭い水道等をこれに沿って航行する船舶は，安全であり，かつ，実行に適する限り，狭い水道等の右側端に寄って航行しなければならない。
注意：予防法第9条　全ての条文を理解

問19 狭い水道における追越し信号について述べよ。

答 ＜予防法第34条＞
　追い越す船舶の動作のみでは，安全に追い越すことができない場合，追い越す船舶は汽笛信号を行うことにより追い越しの意図を示さなければならない。
- 他の船舶の右げん側を追い越そうとする場合：長音2回に引き続く短音1回（－－・）
- 他の船舶の左げん側を追い越そうとする場合：長音2回に引き続く短音2回（－－・・）
- 追い越される船舶が同意した場合：長音1回，短音1回，長音1回，短音1回（－・－・）
- 同意しない場合：直ちに急速に短音を5回以上

問20 互いに他の船舶の視野の内にある場合とはどのような場合か。

答 ＜予防法第3条＞
- 船舶が互いに視覚によって他の船舶を見ることができる状態。
- 双眼鏡を使用する場合も含まれる。

問 21 追越し船は，どのような航法をとらなければならないか。また，帆船が動力船を追い越している場合は，どちらが避航船となるか。

答 ＜予防法第 13 条＞
- 追い越される船舶を，確実に追い越し，かつ，その船舶から十分に遠ざかるまで，その船舶の進路を避けなければならない。
- 帆船

注意：追越し船の航法は，予防法第 12 条（帆船），第 18 条（各種船舶間の航法）等の規定にかかわらず，適用されることに注意

問 22 追越し船と判断するのはどのような状況の場合か（追い越し船の定義）。

答 ＜予防法第 13 条＞
- 他の船舶の正横後 22 度 30 分を超える後方の位置から，その船舶を追い越す場合。
- 夜間にあっては，げん灯のいずれも見ることができない位置から，その船舶を追い越す場合。

問 23 自船が追越し船であるかどうか確かめることができない場合は，どうするか。

答 ＜予防法第 13 条＞
　自船は追越し船であると判断し，追越し船の航法に従って動作をとらなければならない。

問 24 真向かい又はほとんど真向かいとは，どのような状況か。

答 ＜予防法第 14 条＞
- 他の船舶のマスト灯 2 個を垂直線上もしくは，ほとんど垂直線上に見るとき，又は
- 他の船舶の両側のげん灯を見るとき。

問 25 行会い船の定義を述べよ。また，行会い船の航法について述べよ。

答 ＜予防法第 14 条＞
〔定義〕
・夜間
　他の動力船を船首方向又はほとんど船首方向に見る場合において，
　① マスト灯 2 個を垂直線上か，ほとんど垂直線上に見るとき，又は
　② 両側のげん灯を見るとき
・昼間
　夜間に相当する状態に見るとき（例えば，ほとんど船首方向において他の動力船のマストを一直線上又はほとんど一直線上に見る）
〔航法〕
　2 隻の動力船が真向かい又はほとんど真向かいに行き会う場合において衝突するおそれがあるときは，各動力船は，互いに他の動力船の左げん側を通過することができるように，それぞれ針路を右に転じなければならない。

問 26 行会いの状況にあるかどうかを確かめることができない場合は，どうするか。

答 ＜予防法第 14 条＞
　行会いの状況にあると判断し，行会い船の航法に従って針路を右に転じなければならない。

問 27 行会い船の航法規定が他の航法規定と異なる点とは何か。

答 ＜予防法第 14 条＞
・行会いの関係にある両動力船に，避航の義務がある。
・針路を右に転じるよう，具体的な避航動作が規定されている。

問28 横切り船の定義を述べよ。

答 ＜予防法第15条＞
- 2隻の動力船が互いに進路を横切る場合において衝突するおそれがあるときは，他の動力船を右げん側に見る動力船は，他の動力船の進路を避けなければならない。
- 他の動力船の進路を避けなければならない動力船は，やむを得ない場合を除き，他の動力船の船首方向を横切ってはならない。

問29 追越し船の航法と横切り船の航法との違いを述べよ。

答 ＜予防法第13条，第15条＞
- 予防法第13条追越し船の航法では，「この法律の他の規定にかかわらず」とある。つまり，「予防法の他の規定にかかわらず」，追越し船の航法が適用される。例えば，漁ろうに従事している船舶であっても，動力船や帆船を追い越すときは，予防法第18条第1項又は第2項にかかわらず，動力船や帆船を避航しなければならない。一方，予防法第15条は，「この法律の他の規定にかかわらず」の記載がなく，予防法第9条第3項，第10条第7項，第18条第1項，第18条第3項の航法規定がある場合は，横切船の航法に優先して適用されることが，第15条第2項に記されている。
- 自船が追越し船であるかどうか確かめることができない場合は，追越し船であると判断しなければならない。一方，横切り船の航法では，同記載がない。

問30 避航船とはどのような船舶か。また，その航法はどのようなものか。

答 ＜予防法第16条＞
避航船：予防法の規定により他の船舶の進路を避けなければならない船舶
航法：他の船舶から十分に遠ざかるため，できる限り早期に，かつ，大幅に動作をとらなければならない。

問 31 保持船とは何か。また，その航法はどのようなものか。

答 ＜予防法第 17 条＞
　保持船とは，原則として，その針路及び速力を保持する船舶のこと。ただし，
　① 避航船が予防法の規定に基づく適切な動作をとっていないことが明らかになった場合は，直ちに衝突を避けるための動作をとることができる。ただし，横切り関係にあるとき，やむを得ない場合を除き，針路を左に転じてはならない。
　② 避航船と間近に接近したため，避航船の動作のみでは衝突を避けることができないと認める場合は，最善の協力動作をとらなければならない。
　③ それぞれの操船場面において，操船信号をする。

問 32 各種船舶間の航法において，「運転不自由船」「操縦性能制限船」「航行中の動力船」「帆船」「漁ろうに従事している船舶」を，避航義務の大きいものから挙げよ。

答 ＜予防法第 18 条＞
　① 航行中の動力船
　② 帆船
　③ 漁ろうに従事している船舶
　④ 操縦性能制限船及び運転不自由船

問 33 視界制限状態とはどのような状態か。

答 ＜予防法第 3 条＞
　霧，もや，降雪，暴風雨，砂あらしその他，これらに類する事由により視界が制限されている状態のこと。

問 34 当直中,視界制限状態となった場合,予防法上必要とされる措置をあげよ。

答
- 状況に適した見張りを行える体制(予防法第5条):見張り員の増員
- 状況に応じた安全な速力(同法第6条)
- 機関を直ちに操作できるようにしておく(同法第19条第2項)
- 法定灯火の表示(同法第20条第2項)
- 視界制限状態における音響信号の実施(同法第35条)

問 35 視界制限状態においてレーダーのみで他の船舶を探知した場合,どのようにしなければならないか。

答 ＜予防法第19条第4項,第5項＞
- 他の船舶に著しく接近することとなるかどうか,衝突するおそれがあるかどうかを判断する。
- 他の船舶に著しく接近することとなり,又は他の船舶と衝突のおそれがあると判断した場合には,十分に余裕のある時期に,これらの事態を避けるための動作をとらなければならない。
- ただし,やむを得ない場合を除き,以下に掲げる針路の変更を行ってはならない。
    他の船舶が自船の正横より前方にある場合:針路を左に転じること。
    他の船舶が自船の正横又は正横より後方にある場合:他の船舶の方向に針路を転じること。

問 36 視界制限状態において,自船の正横より前方に他船の霧中信号を聞いた場合は,どのようにしなければならないか。

答 ＜予防法第19条第6項＞
　　衝突するおそれがないと判断した場合を除き,針路を保つことができる最小限度の速力に減じなければならない。また,必要に応じて停止しなければならない。
　　この場合,衝突の危険がなくなるまでは,十分に注意して航行しなけ

問37　法定灯火を表示しなければならないのは，どのような場合か。

答　＜予防法第20条＞
- 日没から日出までの間
- 視界制限時
- その他，必要と認められる場合

問38　船舶が表示してはならない灯火にはどのようなものがあるか。

答　＜予防法第20条＞
- 法定灯火と誤認される灯火
- 法定灯火の視認又はその特性の識別を妨げる灯火
- 見張りを妨げる灯火

問39　黒球1個，2個，3個の意味は，それぞれ何か。

答　＜予防法第27条，第30条＞
　　　黒球1個：錨泊中の船舶の形象物
　　　黒球2個：航行中の運転不自由船の形象物
　　　黒球3個：乗り揚げている船舶の形象物

問40　操船信号はどのような場合に行わなければならないか。

答　＜予防法第34条＞
　　　航行中の動力船が，互いに他の船舶の視野の内にある場合に，予防法の規定により針路を転じ，又は機関を後進にかけている場合。

問41　警告信号とはどのような信号か。

答 ＜予防法第34条第5項＞
- 互いに他の船舶の視野の内にある船舶が，互いに接近する場合において，①他の船舶の意図もしくは動作を理解できないとき，②他の船舶が衝突を避けるために十分な動作をとっていることについて疑いがあるときに，行わなければならない信号。
- 汽笛信号により直ちに急速に短音を5回以上鳴らさなければならない。併せて，急速にせん光5回以上による発光信号を行うことができる。

問42 航行中の動力船の霧中信号はどのように行うか。

答 ＜予防法第35条＞
　　対水速力がある場合：2分を超えない間隔で長音1回による汽笛信号
　　対水速力がない場合：2分を超えない間隔で約2秒の間隔の長音2回による汽笛信号

問43 視界制限状態において，以下の汽笛信号を鳴らしているのはどのような船舶か。
(1) 長音1回，短音2回（－・・）
(2) 長音1回，短音3回（－・・・）

答 ＜予防法第35条＞
(1) 航行中の帆船，漁ろうに従事している船舶，運転不自由船，操縦性能制限船，喫水制限船，引き船（動力船），押し船（動力船）
(2) 他の動力船に引かれている航行中の船舶（乗組員乗船）

問44 注意喚起信号と警告信号の違いについて述べよ。

答 ＜予防法第34条，第36条＞
- 具体的な信号方法が定められているかどうか。
　　警告信号：直ちに急速に短音5回以上鳴らす汽笛信号
　　注意喚起信号：予防法に規定する他の信号と誤認されることのない汽笛信号，発光信号。

- 信号の意味が異なる。
    - 警告信号：他の船舶の意図もしく動作を理解することができない。他の船舶が衝突を避けるために十分な動作をとっているか疑わしいとき。
    - 注意喚起信号：他の船舶に注意を喚起する必要があると認めた場合（任意信号）
- 信号を行う状況が異なる。
    - 警告信号：互いに他の船舶の視野の内にあって，接近する場合
    - 注意喚起信号：見合い関係，航行中，視野の状態を問わない。

問 45 錨泊中の霧中信号，及び，錨泊中，自船の位置や衝突を知らせるために行うことができる信号はどのようなものか。

答 ＜予防法第 35 条＞
- 長さ 100 メートル以上の船舶：1 分を超えない間隔で，前部で急速に約 5 秒の号鐘，その直後に後部で急速に約 5 秒のどら
- 長さ 100 メートル未満の船舶：1 分を超えない間隔で，急速に約 5 秒の号鐘
- 他船に対し，衝突の可能性を警告する場合：順次に短音 1 回，長音 1 回，短音 1 回による汽笛信号（・－・）を行うことができる。

問 46 次の(1)〜(3)の図のような状況にある場合には，どちらが避航船となるか。また，その場合に適用される航法規定は何か。

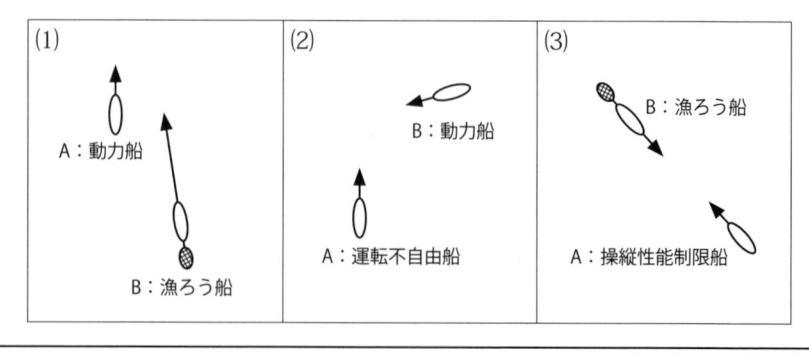

(1)
A：動力船
B：漁ろう船

(2)
B：動力船
A：運転不自由船

(3)
B：漁ろう船
A：操縦性能制限船

答 (1) ・追越し漁ろう船Bが避航船となる。
　　　・予防法第13条が適用される。
　　　・予防法第18条「各種船舶間の航法」によれば動力船が避航船となるが，この場合には同法第13条「追越し船の航法」が適用され漁ろうに従事している船舶が避航船となる。
(2) ・動力船Bが避航船となる。
　　　・予防法第18条が適用される。
　　　・予防法第15条「横切り船の航法」によれば他の船舶を右に見る運転不自由船が避航船となるが，この場合には同法第18条「各種船舶間の航法」が適用され，動力船が避航船となる。
(3) ・漁ろう船Bが避航船となる。
　　　・予防法第18条が適用される。
　　　・予防法第14条「行会い船の航法」によれば，両船ともに針路を右に転じなければならないが，この場合には同条第1項のただし書きにより，同法第18条第3項の規定が適用され，漁ろうに従事している船舶が避航船となる。

問 47 遭難信号について述べよ。

答　＜予防法第37条，同法施行規則第22条＞
遭難して救助を求める場合に行う。
信号方法
① 約1分間の間隔で行う1回の発砲その他の爆発による信号
② 霧中信号器による連続音響による信号
③ 短時間の間隔で発射され，赤色の星火を発するロケット又はりゅう弾による信号
④ あらゆる信号方法によるモールス符号の「SOS」の信号
⑤ 無線電話による「メーデー」という語の信号
⑥ 縦に上から国際信号書に定めるN旗及びC旗を掲げることによって示される遭難信号
⑦ 方形旗であって，その上方又は下方に球又はこれに類似するもの1個の付いたものによる信号
⑧ 船舶上の火災（タールおけ，油たるなどの燃焼によるもの）によ

る信号
⑨　落下さんの付いた赤色の炎火ロケット又は赤色の手持ち炎火による信号
⑩　オレンジ色の煙を発することによる信号
⑪　左右に伸ばした腕を繰り返しゆっくり上下させることによる信号
⑫　デジタル選択呼出装置による 2,187.5 キロヘルツなど所定の周波数による遭難警報
⑬　インマルサット船舶地球局その他の衛星通信の船舶地球局の無線設備による遭難警報
⑭　非常用の位置指示無線標識による信号
⑮　海上保安庁長官が告示で定める信号
・衛星の中継を利用した非常用の位置指示無線標識による遭難警報
・捜索救助用のレーダートランスポンダによる信号
・直接印刷電信による「MAYDAY」という語の信号

2 海上交通安全法 (本文中では,海交法とします)

問1 予防法と海交法の関係について説明せよ。

答 ＜予防法第41条,海交法第1条＞
海交法は,第1条「目的」にあるとおり,船舶交通がふくそうする海域の危険を防止するための規定であり,また,予防法の規定の特例である(予防法第41条第1項)。したがって,海交法は「特別法」,予防法は「一般法」の関係にある。「特別法」である海交法は,限定された海域の,船舶交通の安全を図ることを目的としており,「一般法」である予防法よりも優先して適用される。すなわち,
・予防法と海交法の規定が,異なる場合や,相反する場合には,「特別法」である海交法が適用される。
・海交法に規定されていないものについては,「一般法」である予防法の規定が適用される。

問2 巨大船とはどのような船舶か。

答 ＜海交法第2条第2項＞
・長さ200m以上の船舶。
・「長さ」とは,船舶の全長をいう。

問3 巨大船であることを表す灯火・標識はどのようなものか。

答 ＜海交法第27条,同法施行規則第22条＞
・一定の間隔で毎分180回以上200回以下のせん光を発する緑色全周灯1個
・黒色の円筒形形象物2個を,垂直に連掲

問4 「漁ろう船等」とは,どのような船舶か。

答 ＜海交法第2条第2項＞
- 漁ろうに従事している船舶
- 工事又は作業を行っているため接近してくる他の船舶の進路を避けることが容易でない国土交通省令で定める船舶で，国土交通省令で定めるところにより灯火又は標識を表示しているもの。

問5 許可を受けた工事・作業船の灯火・形象物を述べよ。

答 ＜海交法施行規則第2条第2項＞
夜間：緑色の全周灯（2海里以上）2個，連掲，最も見やすい場所
昼間：上からひし形（白色）・球形（紅色）・球形（紅色）の3個の形象物，連掲，最も見やすい場所

問6 どのような危険物を積載している場合が，海交法上の危険物積載船となるか。

答 ＜海交法施行規則第11条＞
- 80トン以上の火薬類を積載した総トン数300トン以上の船舶
- 200トン以上の有機過酸化物を積載した総トン数300トン以上の船舶
- 高圧ガスで引火性のものをばら積みした総トン数1,000トン以上の船舶
- 引火性液体類をばら積みした総トン数1,000トン以上の船舶

問7 海交法の危険物積載船を表す灯火・標識はどのようなものか。

答 ＜海交法第27条，海交法施行規則第22条＞
- 一定の間隔で毎分120回以上140回以下のせん光を発する紅色全周灯1個
- 旗りゅう信号：第1代表旗（上方）＋B旗（下方）

問8 巨大船等とはどういう意味か。

答 ＜海交法第22条＞
- 巨大船
- 巨大船以外の船舶であって，その長さが航路ごとに国土交通省令（同法施行規則第10条）で定める長さ以上のもの
- 危険物積載船
- 船舶，いかだその他の物件を引き，又は押して航行する船舶で全体の距離が航路ごとに国土交通省令（同法施行規則第12条）で定める距離以上のもの

問9 緊急用務を行う船舶とは，どのような船舶か。

答 ＜海交法施行令第5条＞
次に掲げる用務で，緊急に処理を要するものを行うための船舶で，申請に基づき住所地を管轄する管区海上保安本部長が指定したものをいう。
- 消防，海難救助その他救済を必要とする場合における援助
- 船舶交通に対する障害の除去
- 海洋の汚染の防除
- 犯罪の予防又は鎮圧
- 犯罪の捜査
- 船舶交通に関する規制
- 人命又は財産の保護，公共の秩序の維持その他の海上保安庁長官が特に公益上の必要があると認めた用務

問10 緊急用務を行う船舶の灯火・標識はどのようなものか。

答 ＜海交法施行規則第21条＞
航行中又は錨泊中に，予防法に規定する灯火・形象物に加え，以下のものを表示する。
夜間：一定の間隔で毎分180回以上200回以下のせん光を発する紅色の全周灯1個
昼間：頂点を上にした紅色の円すい形の形象物1個

問 11 海交法の適用海域を述べよ。

答 ＜海交法施行令第1条＞
- 東京湾（境界：剣埼灯台〜洲埼灯台）
- 伊勢湾（境界：大山三角点〜石鏡灯台，立馬埼灯台〜佐久島南端，佐久島南端〜羽豆岬）
- 瀬戸内海（境界：紀伊日ノ御埼灯台〜蒲生田岬灯台，佐田岬灯台〜関埼灯台）

問 12 海交法に定められて航路名をすべてあげよ（瀬戸内海，伊勢湾，東京湾の航路名を述べよ。）

答 ＜海交法第2条＞
① 浦賀水道航路　② 中ノ瀬航路　③ 伊良湖水道航路
④ 明石海峡航路　⑤ 備讃瀬戸東航路　⑥ 備讃瀬戸北航路
⑦ 備讃瀬戸南航路　⑧ 宇高東航路　⑨ 宇高西航路
⑩ 水島航路　⑪ 来島海峡航路

問 13 指定海域とはどのような海域か。

答 ＜海交法第2条第4項＞
地形及び船舶交通の状況からみて，非常災害が発生した場合に船舶交通が著しくふくそうすることが予想される海域のうち，
- 2以上の港則法に基づく港に隣接する海域
- レーダーその他の設備により当該海域における船舶交通を一体的に把握することができる状況にある海域

＜海交法施行令第4条＞
指定海域として，現在，東京湾における海交法適用海域が定められている。

問 14 できる限り中央から右の部分を航行しなければならない航路はどこか。また，なぜ「できる限り」なのか，「航路の中央から右の部分を航行

しなければならない」とされる航路との違いを述べよ。

答 ＜海交法第13条，第18条第3項＞
- 伊良湖水道航路，水島航路
- 伊良湖水道航行，水島航路は，航路外には島や浅瀬などが点在していることにより航路幅を十分にとることができず，巨大船や大型の船舶が，航路の中央から左の部分にはみ出して航行することも，やむを得ない場合があることから「できる限り」とされる。但し，「できる限り」右側航行しなければならない。一方，航路の中央線で完全に分離するためには，1レーンにつき700メートル必要とされている。従って，「航路の中央から右の部分を航行しなければならない」とされる航路は，十分な航路幅が確保されているため，中央線によって通航を完全に分離している。

問15 浦賀水道航路，中ノ瀬航路の航法を述べよ。

答 ＜海交法第11条，第12条＞
- 船舶は，浦賀水道航路をこれに沿って航行するときは，同航路の中央から右の部分を航行しなければならない。
- 船舶は，中ノ瀬航路をこれに沿って航行するときは，北の方向に航行しなければならない。
- 航行し，又は停留している船舶（巨大船を除く）は，浦賀水道航路をこれに沿って航行し，同航路から中ノ瀬航路に入ろうとしている巨大船と衝突するおそれがあるときは，当該巨大船の進路を避けなければならない。

問16 明石海峡航路の通航方法を述べよ。

答 ＜海交法第15条＞
　船舶は，明石海峡航路をこれに沿って航行するときは，同航路の中央から右の部分を航行しなければならない。

問 17 宇高東航路，宇高西航路は，どのように航行するか。また，備讃瀬戸東航路との交差部の航法を述べよ。

答 ＜海交法第16条，第17条＞
- 船舶は，宇高東航路をこれに沿って航行するときは，北の方向に航行しなければならない。
- 船舶は，宇高西航路をこれに沿って航行するときは，南の方向に航行しなければならない。
- 宇高東航路又は宇高西航路をこれに沿って航行している船舶は，備讃瀬戸東航路をこれに沿って航行している巨大船と衝突するおそれがあるときは，巨大船の進路を避けなければならない。
- 航行し，又は停留している船舶（巨大船を除く）は，備讃瀬戸東航路をこれに沿って航行し，同航路から北の方向に宇高東航路に入ろうとしており，又は宇高西航路をこれに沿って南の方向に航行し，同航路から備讃瀬戸東航路に入ろうとしている巨大船と衝突するおそれがあるときは，巨大船の進路を避けなければならない。
- 「宇高東航路又は宇高西航路の航行船」と「備讃瀬戸東航路の巨大船以外の船舶」との航法については定めていない。したがって，両者の関係は予防法の規定による。

問 18 水島航路及び備讃瀬戸北航路付近の航法（交差部の航法）を述べよ。また，待機信号について適用される船舶及び信号の意味を述べよ。

答 ＜海交法第19条，同法施行規則第8条第2項＞
- 水島航路をこれに沿って航行している船舶（巨大船及び漁ろう船等を除く。）は，備讃瀬戸北航路をこれに沿って西の方向に航行している他の船舶と衝突するおそれがあるときは，他の船舶の進路を避けなければならない。
- 水島航路をこれに沿って航行している漁ろう船等は，備讃瀬戸北航路をこれに沿って西の方向に航行している巨大船と衝突するおそれがあるときは，巨大船の進路を避けなければならない。
- 備讃瀬戸北航路をこれに沿って航行している船舶（巨大船を除く）は，水島航路をこれに沿って航行している巨大船と衝突するおそれがある

ときは，巨大船の進路を避けなければならない。
- 航行し，又は停留している船舶（巨大船を除く）は，備讃瀬戸北航路をこれに沿って西の方向に航行し，備讃瀬戸北航路から水島航路に入ろうとしており，又は水島航路をこれに沿って航行し，水島航路から西の方向に備讃瀬戸北航路に入ろうとしている巨大船と衝突するおそれがあるときは，巨大船の進路を避けなければならない。

待機信号について適用される船舶

水島航路西ノ埼管制信号所，水島航路三ツ子島管制信号所において，

 Nの文字の点滅：水島航路を南の方向に航行しようとする70メートル以上の船舶（巨大船を除く）は，航路外で待機しなければならない。
  北航信号

 Sの文字の点滅：水島航路を北の方向に航行しようとする70メートル以上の船舶（巨大船を除く）は，航路外で待機しなければならない。
  南航信号

問 19 備讃瀬戸南航路航行船と，航路を横切る船舶との間に衝突のおそれがある場合，どちらが避航船となるか。理由とともに述べよ。

答 ＜海交法第3条＞
 航路を横切る船舶が避航船となる。
 海交法第3条第1項において，「航路外から航路に入り，航路から航路外に出，若しくは航路を横断しようとし，又は航路をこれに沿わないで航行している船舶（漁ろう船等を除く。）は，航路をこれに沿って航行している他の船舶と衝突するおそれがあるときは，当該他の船舶の進路を避けなければならない。」とされており，予防法第41条第1項より「特別法」である海交法が適用され，予防法第15条横切り船の航法は適用されない。

注意：海交法第3条　全ての条文を理解

問 20 一方通行の航路をすべてあげよ。また，どちらの方向への一方通行か。

答 ＜海交法第11条，第16条，第18条＞
① 中ノ瀬航路（北向き）　② 宇高東航路（北向き）
③ 宇高西航路（南向き）　④ 備讃瀬戸北航路（西向き）
⑤ 備讃瀬戸南航路（東向き）

問21　神戸港から瀬戸内海を経由して関門港へ向かう場合に通航又は横断する航路名を順番に述べよ。

答 ＜海交法第2条第1項＞
・明石海峡航路，備讃瀬戸東航路，備讃瀬戸北航路，来島海峡航路
・備讃瀬戸東航路において，宇高東航路，宇高西航路と交差している。
・備讃瀬戸北航路において，水島航路と交差している。

問22　航路航行義務船とはどのような船舶か。

答 ＜海交法第4条，同法施行規則第3条＞
　長さ50メートル以上の船舶。ただし，海難を避けるため又は人命若しくは他の船舶を救助するためやむを得ない事由があるときは除外。

問23　海交法で速力制限区間のある航路及び区間を述べよ。

答 ＜海交法第5条，同法施行規則第4条＞
　浦賀水道航路（全区間）
　中ノ瀬航路（全区間）
　伊良湖水道航路（全区間）
　水島航路（全区間）
　備讃瀬戸東航路（ほぼ男木島北方から西の区間）
　備讃瀬戸北航路（ほぼ牛島北方から東の区間）
　備讃瀬戸南航路（ほぼ牛島南方から東の区間）

問24　速力の制限のある航路での制限速力は何ノットか。

答 ＜海交法施行規則第4条＞
対水速力12ノット

問 25 追越し信号について，海交法と予防法の違いは何か。

答 ＜予防法第9条，第34条第4項。海交法第6条，同法施行規則第5条＞
(1) 信号を行う場所
① 予防法では，狭い水道等
② 海交法では，航路
(2) 信号の意味
① 予防法では，追い越される船舶に対する協力動作の要求
② 海交法では，注意喚起
(3) 信号の方法
① 予防法では，右げん追い越しは （－－・）
　　　　　　　左げん追い越しは （－－・・）
② 海交法では，右げん追い越しは （－・）
　　　　　　　左げん追い越しは （－・・）
(4) 追い越される船舶の応答
① 予防法では，協力動作の要求に対して，
　同意したときは同意信号（－・－・）
　同意しないときは警告信号（急速な短音5回以上）
② 海交法では，応答信号はない。

問 26 来島海峡航路の通航方法はどのように定められているか。

答 ＜海交法第20条，同法施行規則第9条第1項＞
順中逆西の航法
・順潮時には中水道，逆潮時には西水道を航行する。
・各水道を航行中に転流があった場合には，引き続きその水道を航行することができる。
・順潮であっても，小島・波止浜間の水道を出入りし航行する場合には，西水道を航行することができる。
・中水道を航行する場合には，できる限り，大島及び大下島側に近寄っ

て航行する。
- 西水道を航行する場合には，できる限り，四国側に近寄って航行する。
- 小島・波止浜間の水道を航行する場合には，西水道を航行中のその他の船舶の四国側を航行する。
- 逆潮の場合は，潮流の速度に4ノットを加えた速力以上の速力で航行すること。

注意：追越しが禁止されている航路である。（追越し禁止区間を確認）

問 27 来島海峡航路において禁止されている信号は何か。また，なぜ禁止されているか述べよ。

答 ＜海交法第21条第2項＞
- 予防法のわん曲部信号・応答信号
- 来島海峡を安全に通航するために来島海峡航路の信号（長音1回，長音2回，長音3回（注意：各信号の意味を理解））及び行先信号が特定されていて，自船の航行水道（海域）及び状態を表示することになっているので，わん曲部で自船の存在及び状態を反航船に注意喚起するわん曲部信号・応答信号は必要でなく，かえって信号が混同して危険を生じるおそれがあるから禁止されている。

問 28 海交法の行先信号を行わなければならないのは，どのような船舶か。

答 ＜海交法第7条，同法施行規則第6条第1項＞
　　総トン数100トン以上で，汽笛を備えている船舶

問 29 昼間，国際信号旗による行先表示の信号は，どのような原則で定められているか。

答 ＜海交法施行規則第6条 別表第二＞
　　1代：航路の途中から出入り，又は横断する場合
　　2代：航路の出入口を出てから右転又は左転する
　　P旗：左へ曲がる場合（Port）

S旗：右へ曲がる場合（Starboard）
C旗：航路を横切る場合（Cross）

問30 夜間，汽笛による行先表示信号はどのように行うか。

答 ＜海交法施行規則第6条 別表第二＞
航路途中から右へ曲がり航路外へ出る場合：（－－・－）1代＋S旗
航路途中から左へ曲がり航路外へ出る場合：（－－・・－）1代＋P旗
航路を横断する場合：（－－－－）1代＋C旗
航路の出入口を出てから右へ曲がる場合：（－－－・）2代＋S旗
航路の出入口を出てから左へ曲がる場合：（－－－・・）2代＋P旗

問31 浦賀水道航路から中ノ瀬航路を経て鶴見へ向かう場合の行先信号（昼間，夜間）について，信号を実施する場所も併せて述べよ。

答 ＜海交法施行規則第6条 別表第二＞
浦賀水道航路内
　昼間：観音埼灯台に並航時から中ノ瀬航路北側出入口境界線を横切るまで：第2代表旗＋N旗＋P旗
　夜間：(1) 長音2回・短音1回・長音1回（－－・－）
　　　　　① 観音埼灯台並航時
　　　　　② 変針点0.5海里以内に達したとき
　　　　　③ 変針時
　　　　(2) 長音3回，短音2回（－－－・・）
　　　　　① 中ノ瀬航路南側出入口境界線を横切るとき
　　　　　② 中ノ瀬航路北側出入口境界線0.5海里以内に達したとき
　　　　　③ 中ノ瀬航路北側出入口境界線を横切るとき

問32 海交法で航路の横断のみが制限されている航路を述べよ。また，航路の横断と出入りが制限されている航路を述べよ。

答 <海交法第9条，海交法施行規則第7条>
・横断のみが制限されている航路：備讃瀬戸東航路
・横断と出入りが制限されている航路：来島海峡航路

問33 海交法の航路を横断する場合には，どのようにしなければならないか。また，航路と航路とが交差している場合は，上記横断方法が除外されるが何故か。

答 <海交法第8条>
　　できる限り直角に近い角度で，すみやかに横断しなければならない。
　　ただし，航路と航路の交差部を1つの航路に沿って横切る場合には，この規定の適用はない。
　　理由：① 2つの航路は直角に近い角度で交差するとは限らないため。
　　　　　② 速力制限があるなしにかかわらず，船舶交通の流れが交差する海域において，交差する他の航路を横断するために速やかに航行するのは極めて危険であるため。

問34 次の(1)～(3)のような状況にある場合には，備讃瀬戸北航路と水島航路の交差部において，A，Bどちらの船舶が避航船となるか。

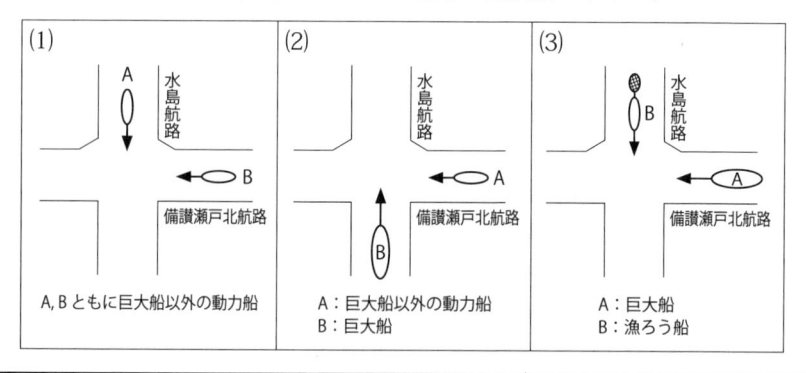

(1) A，Bともに巨大船以外の動力船
(2) A：巨大船以外の動力船
　　B：巨大船
(3) A：巨大船
　　B：漁ろう船

答 <海交法第19条>
(1) A船：備讃瀬戸北航路航行船が優先される（同条第1項）。
(2) A船：巨大船であるB船が優先される（同条第3項）。
(3) B船：巨大船であるA船が優先される（同条第2項）。

③ 港則法

問1 汽艇等とはどのような船舶か。具体例をあげよ。

答 ＜港則法第3条＞
・汽艇等とは、汽艇（総トン数20トン未満の汽船をいう。）、はしけ、及び端舟その他ろかいのみをもって運転し、又は主としてろかいをもって運転する船舶
〔参考〕はしけ、端舟、ろかいの意味を確認。

問2 汽艇等の航法はどのように定められているか。

答 ＜港則法第18条＞
港内においては、汽艇等以外の船舶の進路を避けなければならない。

問3 特定港において、港内の航路を航行する汽艇等と航路に入ろうとする大型船との間で衝突の危険のおそれがある場合の両船の航法を述べよ。

答 ＜港則法第18条＞
航路航行船が汽艇等であるため、同法第13条「航路航行船優先」ではなく、同法第18条「汽艇等の航法」が適用される。したがって、航路航行中の汽艇等は、航路に入ろうとする大型船の進路を避けなければならない。

問4 港則法でいう小型船とはどのような船舶か。

答 ＜港則法第18条＞
・総トン数が500トンを超えない範囲内において国土交通省令で定めるトン数以下である船舶であって汽艇等以外のもの。
・ただし、関門港（響新港区を除く。）においては総トン数300トン以下の船舶であって汽艇等以外のもの。

問 5 小型船の航法を述べよ。

答 ＜港則法第 18 条＞
「国土交通省令で定める船舶交通が著しく混雑する特定港」内を航行するとき，小型船及び汽艇等以外の船舶の進路を避けなければならない。

問 6 小型船・汽艇等とそれ以外の船舶の識別は何で行うか。

答 ＜港則法第 18 条，同法施行規則第 8 条の 4 ＞
小型船及び汽艇等以外の船舶は，「数字旗 1」を表示する。
注意：夜間の識別信号は"なし"

問 7 「特定港」とは，どのような港のことか。

答 ＜港則法第 3 条＞
喫水の深い船舶が出入できる港，又は外国船舶が常時出入りする港であって政令で定めるもの。

問 8 「国土交通省令の定める船舶」とは，どのような船舶か。

答 ＜港則法施行規則第 4 条第 1 項＞
総トン数 500 トン（関門港若松区においては，総トン数 300 トン）以上の船舶（阪神港尼崎西宮芦屋区に停泊しようとする船舶を除く。）

問 9 「国土交通省令の定める特定港」をあげよ。

答 ＜港則法施行規則第 4 条第 3 項＞
京浜港，阪神港，関門港

問 10 国土交通省令で定める船舶交通が著しく混雑する特定港を述べよ。
（小型船の航法が規定されているのはどこの港か。）

答 ＜港則法施行規則第8条の3＞
　　千葉港，京浜港，名古屋港，四日市港（第一航路及び午起航路に限る），阪神港（尼崎西宮芦屋区を除く。）及び関門港（響新港区を除く。）

問11　「国土交通省令の定める特定港」においては，どのような規定が定められているか。

答　＜港則法第5条＞
　　錨地の指定
　　「国土交通省令の定める特定港」において，「国土交通省令の定める船舶」（係留施設に係留する場合を除く。）は，港長より錨地の指定を受けなければならない。（ただし，港長は特に必要があると認めるときは，国土交通省令の定める船舶以外の船舶に対しても，国土交通省令の定める特定港以外の特定港でも，錨地を指定できる。）

問12　特定港の国土交通省令の定める航路における航法を述べよ。

答　＜港則法第13条＞
- 航路外から航路に入り，又は航路から航路外に出ようとする船舶は，航路を航行する他の船舶の進路を避けなければならない。
- 船舶は，航路内においては，並列して航行してはならない。
- 船舶は，航路内において，他の船舶と行き会うときは，右側を航行しなければならない。
- 船舶は，航路内においては，他の船舶を追い越してはならない。

問13　航路内において，してはならない事項を述べよ。

答　＜港則法第12条，第13条＞
- 船舶は，航路内においては，以下を除いて，投びょうし，又はえい航している船舶を放してはならない。
　　海難を避けようとする場合
　　運転の自由を失ったとき

人命又は急迫した危険のある船舶の救助に従事するとき
港長の許可を受けて工事又は作業に従事するとき
- 船舶は，航路内においては，並列して航行してはならない。
- 船舶は，航路内においては，他の船舶を追い越してはならない。

問14 予防法の右側航行と海交法のできる限り右側航行，港則法の航路内の右側航行の各相違点を述べよ。

答 ＜予防法第9条第1項，海交法第13条，第18条第3項，港則法第13条第3項＞

予防法：

　狭い水道等において，船舶は，安全であり，かつ実行に適する限り，他船の有無にかかわらず，常に右側端に寄って航行することを規定している。

海交法：

　できる限り右側を航行することを規定している。

　航路幅を十分とることができないため，巨大船や巨大船以外の大型の船舶が中央から左側にはみ出して航行することもやむを得ない場合があり，完全な通航分離をすることができないからである。しかし，みだりにはみ出すことは許されず，小型の船舶がみだりに，中央から左の部分にはみ出してよいことを意味するものではない。

港則法：

　行き会うときは航路の右側を航行することを規定している。

　常時ではなく，行き会うときに右側航行をすることを意味し，他船と行き会うとき以外は，安全のため必要ならば，航路の中央部や，場合によっては航路の左側を航行しても差し支えない。

問15 港則法に定める航路を航行する義務のある船舶とは，どのような船舶か。

答 ＜港則法第11条＞
- 汽艇等以外の船舶で，特定港に出入りし，又は特定港を通過する場合。
- ただし，海難を避けようとする場合，その他やむを得ない事由のある

場合を除く。

問 16 港則法に定められた航路の中で，どのような場合に他船を追い越すことができるか。また，追い越すことができる航路はどこか。

答 (1) 追い越しの条件　<港則法施行規則第27条の2第1項及び第2項>
- 追い越される船舶が，自船を安全に通過させるための動作をとることを必要としないとき
- 自船以外の船舶の進路を安全に避けられるとき

(2) 追い越すことができる航路
- 京浜港：東京西航路　<同法施行規則第27条の2>
- 名古屋港：東航路，西航路（西航路北側線西側屈曲点から135度に引いた線の両側それぞれ500メートル以内の部分を除く。），北航路　<同法施行規則第29条の2>
- 広島港：航路　<同法施行規則第35条>
- 関門港：関門航路　<同法施行規則第38条第2項>

問 17 防波堤の出入口附近での航法について述べよ。

答　<港則法第15条>
出航船優先
　汽船が港の防波堤の入口又は入口附近で他の汽船と出会う虞のあるときは，入航する汽船は，防波堤の外で出航する汽船の進路を避けなければならない。

問 18 港内や港の境界附近においては，他船に危険を及ぼさないような速力で航行しなければならないのはなぜか。

答　<港則法第16条>
- 衝突の危険を少なくする。
- 航走波による危険を少なくする。
- 相互作用による危険を少なくする。

問 19　防波堤，ふとうその他の工作物の突端又は停泊船舶附近では，どのように航行しなければならないか。

答　＜港則法第 17 条＞
　　右小回り，左大回り
　　防波堤，ふとうその他の工作物の突端又は停泊船舶を右げんに見て航行するときは，できるだけこれに近寄り，左げんに見て航行するときは，できるだけこれに遠ざかって航行しなければならない。

問 20　危険物積載船が特定港に入港する場合，どのようにしなければならないか。

答　＜港則法第 20 条＞
　　港の境界外で港長の指揮を受けなければならない。

問 21　特定港内において，火災発生時の汽笛信号はどのようなものか。また，この規定は航行中にも適用されるか。

答　＜港則法第 29 条及び第 30 条＞
・汽笛又はサイレンをもって，長音 5 回の信号を，適当な間隔で繰り返す。ただし，航行している場合を除く。警報を行う者が見やすいところに，火災警報の方法を表示しなければならない。
・航行中は適用されない。なぜなら，航行中に船舶に火災が発生したときは，船長以下乗組員全員が在船しており，非常配置（消火作業）で十分な措置を講ずることができ，その多くは停泊に移行して消火作業を行うであろうし，また航行中の船舶が火災警報を吹鳴することは，他の音響信号と混同するおそれがあるからである。

問 22　「船舶交通の妨となる虞のある港内の場所においては，みだりに漁ろうをしてはならない。」とあるが，その他，みだりにしてはならないことを述べよ。＜港則法第 35 条＞

答
- 係留等の制限　＜港則法第 8 条＞
- 水路の保全　　＜同法　第 23 条＞
- 汽笛吹鳴の制限＜同法　第 27 条＞
- 灯火の制限　　＜同法　第 36 条＞

問 23 港内で，みだりに使用してはならない灯火とは，どのような灯火か。

答　＜港則法第 36 条＞
　港内又は港の境界附近における船舶交通の妨となる虞のある強力な灯火。
　例えば，
- 荷役中の船舶が極度に明るいカーゴランプを辺りかまわずつける。
- 漁船が港の境界附近で強烈に明るい集魚灯をむやみにつける。
- 港近くの海岸通りの店舗が強力な照明の大型の看板を掲げる。

問 24 指定港とは，どのような港か。

答　＜港則法第 3 条第 3 項，同法施行令第 3 条　別表第三＞
　指定港とは，海上交通安全法に規定する指定海域（東京湾）に隣接する港のうち，レーダーその他の設備により当該港内における船舶交通を一体的に把握することができる状況にあるものであって，非常災害が発生した場合に当該指定海域と一体的に船舶交通の危険を防止する必要があるものとして政令で定めるものをいう。
　指定港は，館山港，木更津港，千葉港，京浜港，横須賀港の 5 港である。

注意：＜予防法第 40 条 … 他法との関連＞
　海交法および港則法で「避航に関する事項」にあっては，予防法第 11 条「互いに他の船舶の視野の内にある船舶に適用」の規定が準用されることに注意が必要である。

4 船員法，船員労働安全衛生規則

（解答は「海事六法」により求めること）

問1　船長の職務と権限について述べよ。

答　＜船員法第7条〜第20条，同法施行規則第2条の2〜第15条＞
ヒント：船長の職務及び権限

問2　船長の甲板上の指揮について述べよ。

答　＜船員法第10条＞
　　船長は，船舶が港を出入りするとき，船舶が狭い水路を通過するときその他船舶に危険のおそれがあるときは，甲板にあって自ら船舶を指揮しなければならない。

問3　衝突した場合の船長の処置義務は何か。

答　＜船員法第13条＞
　　船長は，船舶が衝突したときは，互いに人命及び船舶の救助に必要な手段を尽し，かつ船舶の名称，所有者，船籍港，発航港及び到達港を告げなければならない。ただし，自己の指揮する船舶に急迫した危険があるときは，この限りではない。

問4　異常気象などの通報について，どのような船舶が，どこへ通報するか。また，通報の対象となる異常な現象とはどのようなことか。

答　＜船員法第14条の2，同法施行規則第3条の2＞
・国土交通省令の定める船舶（無線電信又は無線電話の設備を有する船舶）
・附近にある船舶及び海上保安機関その他の関係機関に通報しなければならない。

ヒント：異常な現象の種類は，同法施行規則第3条の2参照

暴風雨，流氷その他の異常な気象，海象若しくは地象又は漂流物若しくは沈没物であって，船舶の航行に危険を及ぼすおそれのあるものに遭遇したとき。

問5 非常配置表は，どこに掲示しなければならないか。

答 ＜船員法第14条の3＞
船員室その他の適当な場所

問6 どのような船舶が非常配置表を定めなければならないか。

答 ＜船員法第14条の3，同法施行規則第3条の3＞
ヒント：国土交通省令の定める船舶
- 旅客船
- 旅客船以外の遠洋区域又は近海区域を航行区域とする船舶
- 専ら沿海区域において従業する漁船以外の漁船

問7 船内に備え置かなければならない書類は何か。

答 ＜船員法第18条＞
- 船舶国籍証書又は国土交通省令の定める証書
- 海員名簿
- 航海日誌
- 旅客名簿
- 積荷に関する書類
- 海上運送法第26条第3項に規定する証明書

問8 航行に関する報告については，どのような場合，どこに報告しなければならないか。

答 ＜船員法第19条，同法施行規則第14条＞
どのような場合
- 船舶の衝突，乗揚，沈没，滅失，火災，機関の損傷その他の海難が発生したとき
- 人命又は船舶の救助に従事したとき
- 無線電信によって知ったときを除いて，航行中他の船舶の遭難を知ったとき
- 船内にある者が死亡し，又は行方不明となったとき
- 予定の航路を変更したとき
- 船舶が抑留され，又は捕獲されたときその他船舶に関し著しい事故があったとき

どこに
- 国土交通大臣，例えば，最寄りの地方運輸局等の事務所

問9 発航前に行わなければならない検査には，どのようなものがあるか。

答 ＜船員法第8条，同法施行規則第2条の2＞
- 船体，機関及び排水設備，操舵設備，係船設備，揚錨設備，救命設備，無線設備その他の設備が整備されていること。
- 積載物の積付けが船舶の安全性をそこなう状況にないこと。
- 喫水の状況から判断して船舶の安全性が保たれていること。
- 燃料，食料，清水，医薬品，船用品その他の航海に必要な物品が積み込まれていること。
- 水路図誌その他の航海に必要な図誌が整備されていること。
- 気象通報，水路通報その他の航海に必要な情報が収集されており，それらの情報から判断して航海に支障がないこと。
- 航海に必要な員数の乗組員が乗り組んでおり，かつ，それらの乗組員の健康状態が良好であること。
- 航海を支障なく成就するため必要な準備が整っていること。

問10 自己の指揮する船舶に急迫した危険がある場合のほかに，遭難船舶等の救助が免除されるのはどのような場合か。

答 ＜船員法第 14 条，同法施行規則第 3 条＞
- 遭難者の所在に到着した他の船舶から救助の必要のない旨の通報があったとき。
- 遭難船舶の船長又は遭難航空機の機長が，遭難信号に応答した船舶中適当と認める船舶に救助を求めた場合において，救助を求められた船舶のすべてが救助に赴いていることを知ったとき。
- やむを得ない事由で救助に赴くことができないとき，又は特殊な事情によって救助に赴くことが適当でないか，もしくは必要でないと認められるとき。

問 11 船舶で行わなければならない操練には何があるか。また，どのような操練をどのような時期に行うか（例えば，3ヵ月に1回実施する操練は何か）。

答 操練 ＜船員法第 14 条の 3，同法施行規則第 3 条の 4＞
- 防火操練
- 救命艇等操練
- 救助艇操練
- 防水操練
- 非常操舵操練
- 密閉区画における救助操練

時期 ＜船員法施行規則第 3 条の 4＞
　ヒント：操練の実施期間については，対象船舶，航行海域により定められている
　　例えば，「密閉区間における救助操練」は，少なくとも2月に1回実施

問 12 船長が乗り組んだ海員に対して2週間以内に行わなければならないことは何か。

答 ＜船員法施行規則第 3 条の 11，第 3 条の 12＞
船舶の救命設備及び消火設備の使用方法に関する教育

問13 旅客を招集するために，どのような信号を行うか。

答 ＜船員法施行規則第3条の3 第6号＞
　　汽笛又はサイレンによる連続した7回以上の短声とこれに続く1回の長声

問14 船員手帳の有効期限は何年か。乗船中，船員手帳は誰が保管しなければならないか。

答 ＜船員法第50条，船員法施行規則第35条＞
有効期限
　　船員手帳は，交付，再交付又は書換えを受けたときから10年間有効とする。ただし，航海中にその期間が経過したときは，その航海が終了するまで，なお有効とする。
保管者
　　船長は，海員の乗船中その船員手帳を保管しなければならない。

問15 衛生管理者を乗せなければならない船舶は，どのような船舶か。衛生管理者を選任する条件は何か。

答 ＜船員法第82条の2＞
船舶
・遠洋区域又は近海区域を航行区域とする総トン数3,000トン以上の船舶
・国土交通省令の定める漁船
選任条件
　　衛生管理者適任証書を受有する者でなければならない。
　　なお，衛生管理者とは以下の者を言う。
・国土交通省令の定めるところにより国土交通大臣の行う試験に合格した者。
・国土交通省令の定めるところにより国土交通大臣が試験に合格した者と同等以上の能力を有すると認定した者。

④ 船員法，船員労働安全衛生規則

問 16 未成年者の夜間労働について述べよ。

答 ＜船員法第 86 条，同法施行規則第 58 条＞
　船舶所有者は，年齢 18 年未満の船員を午後 8 時から翌日の午前 5 時までの間において作業に従事させてはならない。ただし，国土交通省令の定める場合において午前零時から午前 5 時までの間を含む連続した 9 時間の休息をさせるときは，この限りではない。

問 17 巡視制度について述べよ。

答 ＜船員法施行規則第 3 条の 6＞
　ヒント：旅客船（平水区域を航行区域とするものにあっては，国土交通大臣の指定する航路に就航するものに限る。）の船長は，船舶の火災の予防のための巡視制度を設けなければならない。

問 18 自動操舵装置を使用中，船長が注意しなければならない事項を述べよ。

答 ＜船員法施行規則第 3 条の 15＞
・自動操舵装置を長時間使用したとき，又は危険のおそれがある海域を航行しようとするときは，手動操舵を行うことができるかどうかについて検査すること。
・危険のおそれがある海域を航行する場合に自動操舵装置を使用するときは，直ちに手動操舵を行うことができるようにしておくとともに，操舵を行う能力を有する者が速やかに操舵を引き継ぐことができるようにしておくこと。
・自動操舵から手動操舵への切換え及びその逆の切換えは，船長もしくは甲板部の職員により，又はその監督の下に行わせること。

問 19 船舶所有者が産業医を選任しなければならない場合，何人以上の船員を使用する船舶所有者に限るか。

答 <船員労働安全衛生規則第10条の2>
　常時50人以上の船員を使用する船舶所有者に限る。

問 20　高所作業とはどのような作業か。

答 <船員労働安全規則第51条>
　床面から2メートル以上の高所であって、墜落のおそれのある場所における作業。

問 21　舷外作業を行う場合には、どのような保護具が必要か。

答 <船員労働安全規則第52条>
・作業に従事する者に墜落制止用器具又は作業用救命衣を使用させること。
・安全な昇降用具を使用させること。
・作業場所の付近に、救命浮環等の直ちに使用できる救命器具を用意すること。

問 22　清水の積み込み及び貯蔵については、どのような注意をしなければならないか。

答 <船員労働安全規則第38条>
・清水の積み込み前には、元せん及びホースを洗浄すること。
・清水用の元せん及びホースは、専用のものとすること。
・清水用の元せんにはふたをつけ、ホースは清潔な場所に保管すること。
　　　　　　　　　　　　　　　　　　　　　　　　　　　　ほか

問 23　船内の配管の色分けについて述べよ。

答 <船員労働安全規則第23条：船内の管系及び電路の系統の識別標準>

清水管系	青
海水管系	緑
燃料油管系	赤
潤滑油管系	黄

蒸気管系	銀色
圧縮空気管系	ねずみ色
ビルジ管系	黒

問 24 安全担当者の資格及び業務について，どのように定められているか。

答 ＜船員労働安全規則第3条，第5条＞

資格

該当業務に2年以上従事した経験を有する者であって，業務に精通している者

業務

・作業設備及び作業用具の点検及び整備に関すること。
・安全装置，検知器具，消火器具，保護具その他危害防止のための設備及び用具の点検及び整備に関すること。
・作業を行う際に危険な又は有害な状態が発生した場合又は発生するおそれのある場合の適当な応急措置又は防止措置に関すること。

ほか

問 25 船舶所有者が1カ月に1回点検しなければならない保護具とは何か。

答 ＜船員労働安全規則第45条＞

自蔵式呼吸具，送気式呼吸具及び空気圧縮機。

問 26 ねずみ族及び虫類の駆除に関して書いているのはどの法令・規則の何条か。

答 検疫法第25条，船員労働安全衛生規則第34条，第72条

5 船舶職員及び小型船舶操縦者法，海難審判法

（解答は「海事六法」により求めること）

問1 海技免状の有効期間及び更新の要件について述べよ。

答 ＜船舶職員及び小型船舶操縦者法第7条の2＞
有効期間
　5年
更新の要件
・身体適性に関する基準を満たしていること
　かつ，次の各号のいずれかに該当する者
・国土交通省令で定める乗船履歴を有する者
・国土交通大臣が，業務に関する経験を考慮して，乗船履歴を有する者
　と同等以上の知識及び経験を有すると認定した者
・登録海技免状更新講習の課程を修了した者

問2 3級海技士（航海）の免許を受けるためには，どのような講習を修了していなければならないか。

答 ＜船舶職員及び小型船舶操縦者法施行規則第3条の2＞
・レーダー観測者講習
・レーダー・自動衝突予防援助装置シミュレータ講習
・救命講習
・消火講習
・上級航海英語講習

問3 海技免許を取り消される場合を述べよ。

答 ＜船舶職員及び小型船舶操縦者法第10条＞
・船舶職員及び小型船舶操縦者法又は船舶職員及び小型船舶操縦者法に
　基づく命令の規定に違反したとき。

5 船舶職員及び小型船舶操縦者法，海難審判法　143

- 船舶職員としての職務又は小型船舶操縦者としての業務を行うに当たり，海上衝突予防法その他の他の法令の規定に違反したとき。
- 海技士が心身の障害により船舶職員の職務を適正に行うことができない者として国土交通省令で定めるものになったと認めるとき。

問4 海技免状の有効期間更新のための乗船履歴を述べよ。

答　＜船舶職員及び小型船舶操縦者法施行規則第9条の3＞
　　ヒント：海技免状の有効期間の更新のための乗船履歴
　　　　　　海技士の区分に応じ，乗船履歴（受有する海技免状の有効期間が満了する日以前5年以内のものに限る。）が定められている。例えば，海技士（航海）の資格の海技士：総トン数20トン以上の船舶に船長，航海士又は運航士（運航士（2号職務）を除く。）として1年以上乗り組んだ履歴。

問5 海技試験を受けるための履歴は何年か。

答　＜船舶職員及び小型船舶操縦者法施行規則第25条及び別表第5＞
　　ヒント：乗船履歴

問6 乗船履歴として認めない履歴を述べよ。

答　＜船舶職員及び小型船舶操縦者法施行規則第29条＞
- 15歳に達するまでの履歴
- 試験開始期日からさかのぼり，15年を超える前の履歴
- 主として船舶の運航，機関の運転又は船舶における無線電信若しくは無線電話による通信に従事しない職務の履歴

問7 どのような場合に，海難が発生したとされるか。

答　＜海難審判法第2条＞
- 船舶の運用に関連した船舶又は船舶以外の施設の損傷

- 船舶の構造，設備又は運用に関連した人の死傷
- 船舶の安全又は運航の阻害

問8 懲戒の種類を述べよ。

答 ＜海難審判法第4条＞
- 免許の取消し
- 業務の停止
- 戒告

問9 重大な海難とは何か。

答 ＜海難審判法施行規則第5条＞
- 旅客のうちに，死亡者若しくは行方不明者又は2人以上の重傷者が発生したもの
- 5人以上の死亡者又は行方不明者が発生したもの
- 火災又は爆発により運航不能となったもの
- 油等の流出により環境に重大な影響を及ぼしたもの

ほか

6 船舶法，船舶安全法，船舶設備規程，船舶消防設備規則，船舶のトン数の測度に関する法律 <small>(解答は「海事六法」により求めること)</small>

問1 船舶国籍証書の記載事項をあげよ。

答 ＜船舶法施行細則第17条の2＞
ヒント：船舶の登録
- 番号，信号符字，種類，船名，船籍港，船質，帆船の帆装
- 上甲板の下面に於て船首材の前面より船尾材の後面に至る長さ
- 船体最広部に於てフレームの外面より外面に至る幅 等

問2 信号符字を備えなければならない船舶は，どのような船舶か。

答 ＜船舶法施行細則第18条＞
ヒント：信号符字

問3 日本船舶が国旗を掲揚しなければならないのはどのような場合か。

答 ＜船舶法施行細則第43条＞
ヒント：国旗及び船舶の標示

問4 満載喫水線の標示を必要とする船舶を述べよ。

答 ＜船舶安全法第3条＞
ヒント：満載喫水線の標示
- 遠洋区域又は近海区域を航行区域とする船舶
- 沿海区域を航行区域とする長さ24メートル以上の船舶
- 総トン数20トン以上の漁船

問5 船舶に備えなければならない無線電信又は無線電話施設について述べよ。

答 <船舶安全法第4条>
　　ヒント：無線電信又は無線電話にて船舶の堪航性及び人命の安全に関して陸上との間において相互に行う無線通信に使用できるものの施設
　<船舶設備規程第311条の22>
　　ヒント：無線電信等の施設

問6 船舶の検査にはどのようなものがあるか。その検査は何年毎か。

答 <船舶安全法第5条，第6条>
　　定期検査，中間検査，臨時検査，臨時航行検査，特別検査，製造検査
　<船舶安全法第10条，同法施行規則第36条>
　　ヒント：船舶検査証書の有効期間…交付の日から定期検査に合格した日から起算して5年（ただし，旅客船を除き平水区域を航行区域とする船舶又は小型船舶にして国土交通省令を以て定めるものについては6年）を経過するまでの間

問7 船舶検査証書には何が記載されているか。

答 <船舶安全法第9条>
　　ヒント：船舶検査証書等の交付
　　航行区域（漁船については従業制限），最大搭載人員，制限気圧及び満載喫水線の位置

問8 沿海区域，近海区域とは，それぞれどこまでのことか。

答 <船舶安全法施行規則第1条第7項，第8項，第5条>
　　ヒント：定義，航行区域

問9 最大とう載人員について，子供のカウントはどうなっているか。最大とう載人員に加算する際の年齢による換算はどうなっているか。

答 <船舶安全法施行規則第9条>
　最大とう載人員に関する規定の適用については，1歳未満の者は算入しないものとし，国際航海に従事しない船舶に限り1歳以上12歳未満の者2人をもって1人に換算するものとする。

問10　船舶検査証書等の船内備付けについて，どのように定められているか。

答 <船舶安全法施行規則第40条>
　ヒント：船舶検査証書等の備付け
　　船長は，船舶検査証書及び臨時変更証を船内に備えておかなければならない。

問11　揚貨装置にはどのような事項を標示しなければならないか。

答 <船舶安全法施行規則第58条>
　ヒント：揚貨装置等の制限荷重等の標示
　　船舶所有者は，揚貨装置の見やすい箇所に指定を受けた制限荷重，制限角度及び制限半径を標示しておかなければならない。

問12　レーダーを2基装備しなければならない船舶は，どのような船舶か。また，そのレーダーの要件はどのようなものか。

答 <船舶設備規程第146条の12>
　ヒント：航海用レーダー
　<航海用具の基準を定める告示第8条>
　・総トン数3,000トン以上の船舶
　・独立に，かつ，同時に操作できること

問13　レーダーを備えなければならない船舶とは，どのような船舶か。

答 <船舶設備規程第146条の12>
　ヒント：総トン数300トン未満の船舶であって旅客船以外のものを

除く船舶。ただし，国際航海に従事しない旅客船であって総トン数150トン未満のもの及び管海官庁が船舶の航海の態様等を考慮して差し支えないと認める場合には，この限りではない。

問 14 自動衝突予防援助装置を備えなければならない船舶は，どのような船舶か。また，その自動衝突予防援助装置の要件は，どのようなものか。

答 ＜船舶設備規程第146条の16，航海用具の基準を定める告示第11条＞
ヒント：自動衝突予防援助装置
- 航海用レーダー搭載船であって，総トン数10,000トン以上の船舶
- 40以上の航海用レーダー物標を捕捉することができ，かつ，捕捉した物標を自動的に追尾することができるものであること。
- 指定された範囲内の物標の捕捉を自動的に行うことができるものであること。

問 15 ジャイロコンパスを備えなければならない船舶とは，どのような船舶か。

答 ＜船舶設備規程第146条の20＞
総トン数500トン以上の船舶（平水区域を航行区域とするもの及び極海域航行船を除く。）

問 16 水先人用はしごを備えなければならない船舶は，どのような船舶か。

答 ＜船舶設備規程第146条の39＞
国際航海に従事しない船舶であって総トン数1,000トン以上のもの及び国際航海に従事する船舶。

問 17 国際陸上施設連結具を備え付けなければならない船舶を述べよ。また，備える国際陸上施設連結具の数は何個か。

答 ＜船舶消防設備規則第42条＞

総トン数500トン以上の第一種船には，1個の国際陸上施設連結具を備え付けなければならない。船舶のいずれの側においても使用することができる施設を設けなければならない。

> **問18** 居住区に置いてはいけない消火器の種類は何か。

> **答** ＜船舶消防設備規則第74条＞
> 船舶の居住区域には，炭酸ガス消火器を備え付けてはならない。

⑦ 海洋汚染等及び海上災害の防止に関する法律，危険物船舶運送及び貯蔵規則（解答は「海事六法」により求めること）

> **問1** 油濁防止緊急措置手引書は，誰が作成し，何が記載されているか。

> **答** ＜海洋汚染等及び海上災害の防止に関する法律第7条の2＞
> ヒント：船舶所有者

> **問2** 油記録簿は，どのような船舶が備えていなければならないか。また，保存期間および記載事項について述べよ。

> **答** ＜海洋汚染等及び海上災害の防止に関する法律第8条，同法律施行規則第11条の3＞
> ヒント：最後の記載をした日から3年間

> **問3** 油濁防止管理者を選任しなければならないのは，どのような船舶か。

> **答** ＜海洋汚染等及び海上災害の防止に関する法律第6条，同法律施行規則第9条＞
> 総トン数200トン以上のタンカー（引かれ船等であるタンカー及び係船中のタンカーを除く。）

問 4 油濁防止管理者の業務と，その資格要件はどのようなものか。

答 ＜海洋汚染等及び海上災害の防止に関する法律第6条，同法律施行規則第10条＞
　　ヒント：油濁防止管理者，油濁防止管理者の要件
　　　船舶からの油の不適正な排出の防止に関する業務の管理

問 5 船舶発生廃棄物記録簿は，どのような船舶が備え付け，保存期間は何年か述べよ。

答 ＜海洋汚染等及び海上災害の防止に関する法律第10条の4，同法施行規則第12条の3の5＞
- 国際航海に従事する船舶のうち，国土交通省令で定める船舶（総トン数100トン以上の船舶及び最大搭載人員15人以上の船舶（海底及びその下における鉱物資源の掘採に従事しているものを除く））
- 最後の記載をした日から2年間船舶内に保存

問 6 危険物船舶運送及び貯蔵規則に定められた危険物の分類を述べよ。

答 ＜危険物船舶運送及び貯蔵規則第3条＞
　　火薬類，高圧ガス，引火性液体類，可燃性物質類，酸化性物質類，毒物類，放射性物質等，腐食性物質，有害性物質

8 水先法，検疫法，関税法 (解答は「海事六法」により求めること)

問1 水先人を乗り込ませなければならない船舶は，どのようなものか。

答 ＜水先法第35条＞
ヒント：強制水先
- 日本船舶でない総トン数300トン以上の船舶
- 日本国の港と外国の港との間における航海に従事する総トン数300トン以上の日本船舶
- 総トン数1,000トン以上の日本船舶

問2 検疫を受けなければならない船舶は，どんな船舶か。

答 ＜検疫法第4条＞
- 外国を発航し，又は外国に寄航して来航した船舶。
- 航行中に，外国を発航し又は外国に寄航した他の船舶（検疫済証または仮検疫済証を受けている船舶を除く。）から人を乗り移らせ，又は物を運び込んだ船舶。

問3 検疫法は，ねずみ族の駆除についてどのように規定しているか。

答 ＜検疫法第25条＞
- 検疫所長は，検疫を行うにあたり，当該船舶においてねずみ族の駆除が十分に行われていないと認めたときは，船舶の長に対し，ねずみ族を駆除すべき旨を命ずることができる。

問4 不開港とは。

答 ＜関税法第2条第1項第13号＞
　港，空港その他これらに代わり使用される場所で，開港および税関空港以外のものをいう。

ISBN978-4-303-41652-2

海技士 3N 口述対策問題集

2013年6月10日　初版発行	
2025年9月30日　7版発行	Ⓒ 2013

編　者　航海科口述試験研究会　　　　　　　　　　　検印省略
発行者　岡田雄希
発行所　海文堂出版株式会社
　　　　本　社　東京都文京区水道2-5-4（〒112-0005）
　　　　　　　　電話 03（3815）3291（代）　FAX 03（3815）3953
　　　　　　　　https://www.kaibundo.jp/
　　　　支　社　神戸市中央区元町通3-5-10（〒650-0022）
日本書籍出版協会会員・自然科学書協会会員

PRINTED IN JAPAN　　　　　　　印刷　東光整版印刷／製本　ブロケード

JCOPY ＜出版者著作権管理機構 委託出版物＞

本書の無断複製は著作権法上での例外を除き禁じられています。複製される場合は，そのつど事前に，出版者著作権管理機構（電話 03-5244-5088，FAX 03-5244-5089，e-mail: info@jcopy.or.jp）の許諾を得てください。